山东省社会科学规划项目培育项目
《基于景观地理视角的京杭大运河山东段文化遗产保护与创新驱动策略研究》
（项目编号：20CPYJ76）

循运而筑

——京杭大运河山东段
建筑景观历史文脉保护与传承

隋艳晖　著

U0283921

江苏凤凰科学技术出版社 · 南京

图书在版编目（ＣＩＰ）数据

循运而筑：京杭大运河山东段建筑景观历史文脉保

护与传承 / 隋艳晖著． —— 南京：江苏凤凰科学技术出

版社，2022.10

ISBN 978-7-5713-3150-4

Ⅰ．①循… Ⅱ．①隋… Ⅲ．①大运河－流域－古建筑

－文化遗产－研究－山东 Ⅳ．① K928.42 ② TU-87

中国版本图书馆 CIP 数据核字（2022）第 154125 号

循运而筑——京杭大运河山东段建筑景观历史文脉保护与传承

著　　　者	隋艳晖
项 目 策 划	凤凰空间 / 杨　琦
责 任 编 辑	赵　研　刘屹立
特 约 编 辑	杨　琦

出 版 发 行	江苏凤凰科学技术出版社
出版社地址	南京市湖南路 1 号 A 楼，邮编：210009
出版社网址	http://www.pspress.cn
总 经 销	天津凤凰空间文化传媒有限公司
总经销网址	http://www.ifengspace.cn
印　　　刷	北京博海升彩色印刷有限公司

开　　　本	710 mm×1 000 mm　1 / 16
印　　　张	12
字　　　数	150 000
版　　　次	2022 年 10 月第 1 版
印　　　次	2022 年 10 月第 1 次印刷

标 准 书 号	ISBN 978-7-5713-3150-4
定　　　价	98.00 元

图书如有印装质量问题，可随时向销售部调换（电话：022-87893668）。

前言

　　大运河贯通南北、联通古今，蕴含着中华民族优秀的文化基因，承载着丰富而多样的文化遗产资源。作为世界文化遗产，大运河在国家文化战略中的地位日益凸显。2019 年，大运河文化带正式成为我国首个以文化为引领推动区域协调发展的国家经济带，开启了新的国家叙事；随后，高质量推进大运河国家文化公园建设成为"十四五"期间国家文化领域的重要战略部署和重大工程。2021 年 8 月，《大运河国家文化公园建设保护规划》的出台更加强化了开展相关研究的现实紧迫性和必要性。

　　我国文化遗产长期以来深受西方"遗产话语霸权"的排挤，国家文化公园建设正是我国推动文化遗产东方话语体系建构的一次重要跨越，具有划时代意义。传统建筑文化景观空间凝聚着历史进程中人—地协调统一的人文生态过程，是国家文化公园建设的重要组成部分，其保护与传承是国家文化公园打造中华文化重要标识、向世界传播中华优秀文化的关键环节之一。为此，本书从景观基因理论视角开展对大运河传统民居建筑传承发展模式的探究，厘清大运河山东段传统城镇主体民居发展的脉络和肌理，由点及面地开展大运河传统城镇整体性保护开发模式及应用策略研究；将景观地理学的理论引入大运河建筑文化遗产研究中，通过不同时空维度上的纵横向对比研究，打破以往遗产研究中的静态思维，明确主要影响因素、作用过程和机制、保护机制、创新模式和驱动策略，立足新发展阶段国家主题和人民美好生活需求，从实际层面探寻构建大运河建筑文化景观遗产保护、更新与发展新格局的有效路径，为新发展理念下大运河国家文化公园建设和高质量发展提供智力支持。

　　本书由参与"基于景观地理视角的京杭大运河山东段文化遗产保护与创新驱动策略研究"项目的团队成员共同完成，山东大学张剑教授以及研究生付昊、姜姗等很多老师和同学为此付出了巨大的努力，在此表示衷心的感谢！同时，也对为本书写作和出版给予帮助的所有同仁表达最诚挚的谢意！

隋艳晖

目录

1 绪论

1.1 研究背景

1.1.1 中国大运河被成功选入世界文化遗产名录

大运河工程浩大、历史悠久，是我国劳动人民创造的伟大历史工程，在我国璀璨的文化发展史上具有不可小觑的地位，已经成为我国的文化符号之一。2009年11月，国家旅游局决定将以长城和丝绸之路的发展策略来建设京杭大运河，最大限度地发挥其文化与经济价值。2014年6月，中国大运河项目成功入选世界文化遗产名录，这条世界上建造时间最早、空间跨度最大的人工运河再次走入人们视线，成为运河文化保护的新起点。

1.1.2 弘扬和发展大运河文化是文化强国建设的重要内容之一

大运河作为贯穿中国南北的交通线路，在文化交融发展上起到的作用无可替代，习近平总书记多次提出要保护好、传承好、利用好宝贵的大运河文化遗产。2019年2月，中共中央办公厅、国务院办公厅印发了《大运河文化保护传承利用规划纲要》，对大运河传承的优秀传统文化进行了详细解读，对大运河文化保护传承利用提出了系统详细的要求和部署，提出重点着力打造大运河文化带，充分挖掘展示大运河丰富璀璨的文化，从历史和当代的多重角度，开展大运河文化传承保护工作。建设大运河文化带理念的提出开启了运河文化整体性保护的新篇章，《大运河文化保护传承利用规划纲要》明确提出了"河为线，城为珠，线串珠，珠带面"的思路，城是大运河的明珠，大运河历史文化名城名镇名村的保护发展研究再一次进入人们的视野，成为弘扬和发展运河文化、打造运河文化繁荣带的重要突破口。2021年4月，中央宣传部出台《中华优秀传统文化传承发展工程"十四五"重点项目规划》将"大运河文化保护传承利用工程"作为新设项目纳入，制定了五年发展蓝图，摸清传统文化家底，致力优秀文化振兴，进一步推动了大运河文化的传承和发展。

1.1.3 大运河传统文化遗产保护的迫切需求

文化是民族的血脉，是人民的精神家园。中共中央办公厅、国务院办公厅印发的《关于实施中华优秀传统文化传承发展工程的意见》中提出，应该详细阐述文化的本质，深入研究和解释中国文化的历史渊源，发展脉络和基本取向，保护文化遗产的传承。着重加强对历史文化街区和城市特色管理等项目的打造，精制一系列突出文化特色的经典元素和标志性符号，并将其融入城市建设之中。

大运河是经过长期历史积淀形成的文化遗产，具有不可复制性，更无法模仿，其文化价值是不可替代的。其中，传统村镇和文化建筑遗产是大运河传统文化景观空间的典型代表。2012年住房城乡建设部、文化部、财政部印发了《关于加强传统村落保护发展工作的指导意见》，明确了传统村落的保护传承和利用的具体要求。随着我国传统村落保护力度的加强，京杭大运河作为"活"的文化遗产，其流域传统村落的保护备受重视。近年来，大运河沿线的保护修复工作如火如荼地进行，以大运河历史文化名城名镇名村等不同形式，在各地进行发展、开发与利用。但是文化遗产的保护不应该是简单的通航翻新，大运河流域历史文化古镇的恢复也不应该是单一的造型复制。大运河建筑文化遗产是人类社会发展中形成的极具价值的历史文化资源，也是大运河遗产廊道的重要组成部分，更是人类文化的基因库。

为此，本书以大运河山东段为研究对象，分上下两篇，分别关注其传统村镇的民居和其他建筑文化遗存。大运河申遗成功之后，留下的是申遗后时代对如何保护大运河这一世界文化遗产的思考，如何对文化遗产进行有机更新，如何使大运河在空间上实现南北"互联共通"的同时，也在时间上实现历史和当下的"贯古通今"，还需要更深入的研究。

1.2　研究意义

1.2.1　理论意义

中国是世界文明的典范，疆域辽阔，历史悠久。中华民族五千年发展史也是民族文化的积累史，在漫长的发展过程中，由于地理气候条件和生产生活方式的差异，在政治、经济、文化等多种社会因素的共同作用下，各式各样的传统聚落形态和文化建筑应运而生。

民居作为传统聚落的典型构成要素，其样式和风格各具特色。传统民居作为人类漫长历史发展过程中的重要生活场所，是民族智慧和历史文化的结晶，是人类长期生产生活不可或缺的重要组成部分。因此，民居可以反映出不同时代和不同区域政治、经济、文化各层面的互动关系，是人民智慧的产物，也是研究传统历史文化的重要媒介。本书对京杭大运河古镇民居的研究，即是对运河传统聚落历史、文化和艺术价值的探究，更是对运河历史文化从时间到空间上的综合研究，对地域文化的传承发挥重要作用。景观基因理论是研究中国传统聚落的全新视角，借鉴生物学中基因分析的方法对传统聚落文化景观进行剖析，以文化景观基因作为传统村落发展传承的基本因子，通过对传统村落进行基因识别，找寻传统聚落文化景观形成的决定性因素，为传统聚落的研究和保护提供帮助。本书将景观基因理论运用到运河古镇的研究中，以期进一步拓展景观基因理论的应用领域，完善其方法论体系。

同时，文化景观遗产具有明显的继承和叠加性。下篇主要研究京杭大运河山东段建筑文化遗产的差异化分布格局，反映不同时代和不同区域文化及彼此之间在政治、经济和文化等各层面的互动关系，也有利于拓展学术研究的新视角和新内容。

1.2.2　实践意义

大运河在我国古代经济、文化等领域有着独特的地位和重要的历史价值。一方面，随着我国大运河项目成功入选世界文化遗产，其区域保护整治工作刻不容缓；另一方面，大运河被纳入了我国"南水北调"工程之中，大运河山东段作为东线工程的重要利用线路，其区域资源的合理开发利用也必须充分考究。《大运河文化保护传承利用规划纲要》对建设和繁荣大运河文化带、弘扬运河优秀传统文化提出了新的要求，如何精准保护和有效开发成了新时代背景下京杭运河发展不可忽视的两大议题。

本书意在通过对大运河山东段具有代表性的历史文化古镇民居和建筑文化遗产的研究，梳理其历史文化背景和发展脉络，找寻文化景观的基因构成、空间格局和影响机制，在大运河传统文化景观资源的有机更新和民生战略性工程的双重视角下，为新时代大运河的保护和开发提供新的视野，为运河文化的整体性保护发展提供支撑，为大运河文化带和国家文化公园建设提供有益的思路。

1.3　研究范围的界定

大运河始于春秋时期，经隋、唐、宋、元、明数个朝代的开凿、取直、修葺，最终完成了从北京至杭州水路的全线通航。而本书研究所界定的大运河山东段位于京杭大运河的中段即鲁运河，也称山东运河，主要指临清至台儿庄段，北端由河北省与山东省交界处卫运河进入山东省临清市，南端由枣庄市台儿庄区流出进入江苏省，途中主要流经山东省聊城市、济宁市、枣庄市等区域，约占京杭大运河总里程的三分之一（张从军，2013）。该运河流域在明清以前社会经济发展处于平稳发展的阶段，并无显著成就。明成祖朱棣即位后于永乐九年（1411）派人重开会通河，新修河道使得大运河山东段通航标准得到了较大的提高，运河穿境而过，漕运随之兴盛，从而带动了该区域经济的迅速发展（王云，2006）。

上篇
古镇传统民居

2 大运河古镇传统民居研究概况

2.1 相关概念及理论研究

2.1.1 传统民居

民居，意为百姓居住之所，也称民宅、民房，是民间建筑的主要形式。《中国土木建筑百科辞典·建筑》一书中，将"民居"解释为"非官式的民间居住建筑，与王公贵族居住的府邸宫室不同，民居不受官方身份等级制度的限制，而是以经济的手段满足生活居住的功能需要"①。民居作为人类基本生存要件之一，是百姓根据生活需要而自发修建的居住场所，是没有经过官方统一规划，没有依托固定建造理论和专业技能，完全依据生活生产经验和文化传统建造的民用建筑。因使用人群和功能需求不同，加之受建造工艺、物质人力、社会环境等诸多影响，虽物质技术平淡，但其设计制作和文化内涵却呈现出因地制宜、灵活多样的地域特性。

何为传统民居？《现代汉语辞海》一书对"传统"二字进行了如下解释："过去形成并对现在产生定向性、规范性影响的文化因素，如风俗习惯、作风、民族风格、道德、艺术等；世代相传的；旧有的。"②传统民居，即可理解为寻常百姓居住的具有文化延续性、历史传承性且对社会发展具有积极促进作用的民间建筑，是经过一代代人使用并留存下来的民间住宅样式。与由建筑师设计的建筑相比，传统民居更具有社会实践的广泛性。传统民居满足了人们生活的基本需求，是人们衣食住行的重要依托，因而传统民居是先民生活模式、技术水平、文化信仰等方面的集中体现，是我国传统文化的重要载体。

---

① 李国豪，等.中国土木建筑百科辞典·建筑 [M]. 北京：中国建筑工业出版社,1999：238.
②《现代汉语辞海》编辑委员会.现代汉语辞海 [M]. 太原：山西教育出版社,2002：168.

2.1.2　景观基因理论

景观基因理论的研究缘起 1997 年马俊如院士对地理学问题的探讨，他提出能否寻找一个简单的表达来研究地学领域的图谱问题。随后，刘沛林（2003）在《古村落文化景观的基因表达与景观识别》一文中将生物学中基因的概念引入对传统聚落的研究，提出了"传统聚落文化景观基因"的概念，开启了文化景观基因理论研究的先河。从生物学的角度，基因是控制生物性状的基本遗传单位，不同基因的遗传信息不同。如同生物的基因一样，景观基因也是文化景观遗传的基本单位，它对文化景观的形成起到决定性的作用，了解一个区域的文化景观基因，也就抓住了该区域景观的决定因子。

生物学上的基因有两个特点：一是能够通过自我复制来保持生物基本性状不发生改变；二是在某些情况下，基因在复制的过程中也会发生突变，从而形成新的变异基因。而景观基因同样具有此特性，既能够保持因历史文化、地理社会环境造就的稳定传承，又会在历史推进的浪潮中产生适者生存的变异基因。景观基因理论所诠释表达的正是这种稳定又不断更新的动态传承模式。本篇通过对传统民居景观基因的识别建立传统民居景观基因谱系，进而以基因为基本元素作用于传统聚落可持续发展。

2.2　国内外研究现状

2.2.1　国际运河遗产研究

2014 年 6 月联合国教科文组织将中国大运河项目正式列入《世界遗产名录》，成为第 8 个被列入的河流遗产，其余 7 处均为国外文化遗产，可见国外较早地开始了对运河的保护和研究，而且取得了显著的成效。1984 年美国将伊利诺伊 - 密歇根运河设立为国家遗产廊道，掀起了国际上对运河文化遗产保护利用的热潮。麦克（Michael）和布里安（Brian）从发展评估的角度对美国这条国家遗产廊道近年来的发展状况进行了研究，对比创立时的计划、目标，在肯定发展成果的基础上分析了制约其发展的原因；丹尼尔（Daniel）等从旅游发展的角度对美国俄亥俄和伊利运河国家遗产廊道开展研究，依托游客的出行特征、消费模式等行为数据对遗产区的调查工作提出了建议，对运河文化遗产的营销和发展策略具有参考价值；苏珊（Susan）和詹姆斯（James）使用扎根理论方法评估了两个运河遗址的开发，对英国运河的社区开发能力做了测评，分析了社区资源在运河可持续发展过程中的意义；布鲁克（Brooke）等对巴拿马运河流域的旅游消费模式进行了研究，探索了发展生态游轮旅游对保护生态资源和保护文化遗产方面的积极作用。

国外对运河类文化遗产的保护也为国内运河的实践研究提供了案例。加拿大对里多运河立法要求沿岸30米内不可进行商业开发，最大化地保护了运河历史风貌，以法规法令的形式保障运河文化遗产价值最大化；荷兰对阿姆斯特丹运河进行活态开发，以发扬运河文化为主线大力推广和发展运河文化遗产；瑞典对达尔斯兰运河进行了创新性打造，制定了完善的游览制度；美国伊利运河在原航道基础上进行扩建，提高了航运能力，在新时期仍然发挥着运河的综合功能；英国对庞蒂斯沃特水道桥及运河的保护采用协作管理、法律支撑、规划控制、遗产监测、公众参与等多渠道共建的方式使得其较早被列入《世界遗产名录》。

2.2.2　国际乡土建筑研究

民居建筑遗产是人类宝贵的历史财富，对于传统村落的保护发展具有重要意义，国际上对于乡土民居建筑的研究是一个不断深入的动态化过程。随着工业化和城市化进程的加快，传统民居的生存空间受到强烈冲击，人们逐渐意识到乡土建筑保护的重要性。西方国家对于传统民居等乡土建筑类型的研究保护工作已经取得了较好的成效，建立了较为完善的保护制度。近年来，国外对于传统民居等乡土建筑的研究不断深化，由早期对独特房屋类型的历史演变、结构分布的研究，到保护策略、文化内涵以及乡土建筑的可持续性发展等方面持续深入。麦克（Michael）和朱迪斯（Judith）对西班牙南部阿尔普贾拉斯地区拉洛尔村的住宅建筑进行建筑单体特征识别，调研了当地住宅建筑变化的主要特征，认为建筑的细节变化是乡土建筑自然演变的必然结果，然而外部投资引发的大规模现代化开发却让"传统"被慢慢侵蚀；格则姆（Gizem）和罗伯特（Robert）在对多哈的阿尔阿斯马克地区建筑遗产的研究中，展示了当前居住者是如何以动态的、变革性的方式适应空间，探讨了建筑环境和人之间互相适应和塑造的相互关系；内斯利汗（Neslihan）等探讨研究了土耳其锡韦雷克的传统房屋建筑，对其平面、立面、结构、材料等建筑特征全面分析，指出了该地区传统文化建筑遗产在发展中面临的困境，为其传统建筑的可持续保护提供了重要资源；叶海亚（Yahy）等通过对当代建筑和乡土建筑的对比研究，建立住宅生态文化可持续性的理论体系，在对约旦的两个新旧住宅案例研究中指出，可持续性理论体系的设计应该加大对非物质文化因素等文化指标的综合考量。

国外对于传统民居住宅、乡土建筑的研究起步较早，由地理学、人类学、民俗学、建筑学等领域参与，有利于对传统民居等乡土建筑进行全面的解读，为我国传统民居的跨学科综合研究提供了借鉴。我国传统居住建筑外在形式多样，内在成因复杂，与国外居住建筑在地域文化、自然地理以及发展现状等方面存在显著差异，因此对于我国传统民居的研究不能照搬西方，应在开拓思路的基础上，大力展开基于本土文化的民居研究。

2.2.3 国内文化景观基因研究

1）景观基因的理论研究

目前国内对于景观基因的理论研究尚以刘沛林研究团队为先导，其理论内涵和应用领域近年来逐步拓展。刘沛林（2011）对景观基因的研究主要从景观基因的表达和识别、传统聚落景观基因图谱的构建、传统聚落景观区系划分等方面深入开展，系统整理了景观基因理论的基本框架和研究方法，全方位探索了其对传统聚落景观的保护和利用措施，并尝试了"景观信息链"理论的具体应用。除此之外，刘沛林团队先后研究了传统聚落景观基因信息单元表达机制（胡最等，2010）、景观基因的识别与提取方法（胡最等，2015）以及中国传统聚落景观基因组图谱特征（胡最和刘沛林，2015）；祁嘉华等（2020）还对传统村落景观基因的价值进行了研究并提出了保护策略。刘沛林等人的研究极大地充实了景观基因理论体系。目前，其理论体系已初步形成，实践应用也具备了一定的条件，为深入研究京杭大运河山东段传统城镇提供了新的研究视角和相对成熟的方法论体系。

2）景观基因的应用研究

对于景观基因理论的应用主要集中在以下几个方向：

一是利用景观基因理论在聚落景观划分方面的优势，对国内不同区域的景观基因进行普查，打破原有地理区划的强硬划分，建立以同源基因为划分依据的全国聚落景观区划，从景观基因的角度研究不同区域类型传统聚落，建立基因图谱，有利于开展景观基因类别的区划。例如：刘沛林等对少数民族聚落进行了景观特点总结并开展景观基因的识别，采用"大区—区—亚区"的划分法将全国的聚落景观进行了不同尺度的划分；毕明岩（2011）重点讨论了基于江南村庄文化基因的七种规划技术方法；张芮（2019）对延边地区朝鲜族传统聚落文化景观基因进行研究，构建朝鲜族传统村落文化景观基因图谱信息链；谢杰兰（2019）对关中地区传统村落开展景观基因研究，建立关中传统村落景观基因识别体系。

二是景观基因理论从"基因"层面的研究思路对传统聚落的保护具有重要意义，在传统聚落"遗传"和更新方面具有显著优势，因此部分学者基于景观基因理论开展对传统聚落的保护和开发研究。刘沛林等（2009）

提出了景观基因完整性保护理念，认为传统聚落的保护开发应该在了解历史的基础上科学定位，建立完整的景观基因体系，进行全面思考；裴沛然（2018）从重庆历史文化古镇文化基因的传承困境出发，提出对应的保护应对策略；田晨曦（2019）以景观基因理论为基础，提出"景观基因排序"和"景观基因植入"的理念，探索传统村落景观信息链构建的方法。

三是以景观基因视角进行旅游规划的研究，景观基因理论介入旅游规划可以更好地挖掘展示旅游地的历史文化内涵，为旅游规划守住历史文脉和传承基因，保持原真性和可持续性提供思路。刘沛林（2008）提出"景观信息链"理论，利用景观信息"元""点"和"廊道"，对景观基因要素进行识别提取，实现历史文化记忆重现，展示旅游地形象；曹帅强和邓运员（2017）提出了"画卷式"旅游规划模式，将历史文化信息通过叙事的故事线路进行表达并尝试实践运用；张萍（2018）从游客认知的角度对满族乡村聚落景观的四个要素维度进行认知度评价，提出了要注重非物质文化遗产的展示形态，建设地标性景观来营造民族传统聚落文化氛围，传承历史文化信息，对传统聚落旅游开发具有指导意义。

四是景观基因理论介入非物质文化遗产的研究，景观基因理论应用于非物质文化遗产研究有助于非遗的特征提取和识别，可以为探索非物质文化遗产的景观特征识别提供方法借鉴。胡最等（2015）以汝城香火龙为例，将景观基因理论拓展到非物质文化遗产领域，研究提出适用于非物质文化遗产的景观基因识别方法；曹帅强等（2016）以湖南省非物质文化遗产为例，将非物质文化遗产研究结合地理信息系统（GIS）技术，从地域分布和空间格局的角度探究其发展的时空特性，得到有效论证。

2.2.4 国内大运河遗产研究

国内对于大运河的研究主要分为两个阶段。2006 年之前，国内对于大运河的研究处于缓慢发展阶段，主要是以大运河历史沿革、挖掘变迁的历史考证类研究，大运河对区域经济文化繁荣发展的研究，运河漕运、交通等功能应用型研究为主，多是对大运河的基础性研究；2006 年国家提出对运河进行文化遗产申遗，大运河申遗之路的开启引起了各领域对于大运河的关注，大运河的研究进入全方位迅速发展的阶段。关于大运河的研究涉及的领域复杂、文献众多，与本篇相关的大运河遗产研究进行梳理，可以总结为以下几个方面：

一是以大运河历史文化视角为主线，对大运河流域历史沿革、文学艺术、信仰习俗等文化遗产开展的价值理论研究。蔡勇（1995）把济宁运河文化发展分为萌芽、形成和繁荣、衰弱、新发展四个阶段，从经济特征、文化特征和文化构成三个方面对济宁运河文化的形成和特点进行了研究；俞孔坚等（2008）从大运河的文化遗产价值、现实功能价值、生态设施价值和潜在休闲价值四个方面对大运河进行全面的价值再认识，提出对大运河的保护必须建立在价值完全认识的基础上；郭文娟（2014）通过对济宁段京杭大运河历史脉络、文化遗产的细致梳理，对运河文化遗产进行类别区分和系统详述，提出了大运河文化遗产保护策略；葛剑雄（2018）从实事求是的角度对大运河历史文化和发展进行辩证分析，提出要避免盲信盲从，注重将无效或无益信息剔除后弘扬其优质的历史文化。

二是以大运河文化遗产保护为主线，对大运河流域进行保护发展、旅游开发的实践应用型研究。朱强（2007）对大运河流域工业发展和布局进行了研究，提出了建设大运河工业遗产廊道，探讨工业遗产方面整体性保护策略；阮仪三和王建波（2009）结合大运河申遗现状分析了大运河遗产的重要价值，对不科学的开凿引流、不尊重历史的拆除重建等保护方式提出质疑和全局性的思考；张茜（2014）探讨了南水北调对大运河发展的机遇和挑战，对两者的关系进行了深入分析，提出了南水北调背景下大运河文化遗产的保护原则和策略；张恒和李永乐（2016）将"共生"理论引入运河聚落遗产研究，探讨其共生单元、共生模式和共生界面，形成一体化保护格局；霍艳虹等（2017）将"文化基因"的概念引入京杭大运河文化遗产的研究，对其文化基因的提取及传承方式进行了探究，为传统文化基因活态传承提供了思路。

三是以大运河聚落形态研究为主线，对大运河名村古镇的建筑风貌、形态结构等聚落要素开展研究。既有从整体宏观角度对区域大运河聚落开展的研究，如：朱晓明和阮仪三（2008）探讨了影响长江以北运河古镇存量的主要原因，提出当前对运河古镇的保护应该建立在全方位基础调查的大数据支撑下进行；牛会聪（2011）对大运河天津段聚落文化及形态特征进行研究，提出了"三体一位"的保护发展模式；赵鹏飞（2013）对京杭大运河山东段传统建筑开展研究，对居住建筑、公共建筑、水工建筑三大类型从建筑用材、空间格局等方面进行了分析；张书淼和徐雷（2019）对山东运河流域传统民居从形成历史、民居类型、空间布局以及民居传承现状进行了梳理。也有从微观层面以小见大地开展古镇或古街道的研究，如：石坚韧和柳骅（2009）对比大运河杭州段两个不同历史街区，对文化背景和街区空间结构、建筑特征等进行差异性研究，通过对共性和个性的探讨来明确保护和利用的平衡处理；阮仪三和王建波（2009）对大运河江南段的崇福、长安等古镇从历史沿革、空间格局、民居建筑等方面进行大量研究，提出相应保护发展策略；魏方（2010）以"运河四大古镇"之一的夏镇为例，对其历史沿革、地方民居、城镇风貌进行调研，探讨了不同的策略改造模式以实现再设计；赵一诺（2017）以线路视角对山东段大运河古镇的区域分布、文化和结构特征进行研究，提出南阳古镇街巷、建筑保护开发的观点。

总之，在大运河申遗背景下，学术界对于大运河历史文化遗产的研讨日益增加，但是对于其文化遗产传承和保护的研究还需继续深入，领域和视角也应更加开阔。通过对研究现状的梳理与分析，可以发现目前相关研究还存在以下问题：

① 关于民居的研究一定程度上反映了古代人们通过大运河互联互通的历史状况。对于京杭大运河建筑遗产的研究主要停留在对建筑类型、空间格局、形态差异的基础研究上，以及现状梳理的层面。而对于最能体现大众审美特征与生活状态的传统民居研究较少且不够深入，研究视角单一，缺少对大运河民居建筑传承内涵的深入挖掘和发展脉络的动态研究。

② 大运河流域传统民居在一定程度上反映了文化的交融与相互影响，而景观基因理论作为探究传统聚落遗传因子的新视角，可为进一步厘清运河流域传统民居景观基因构成，明确京杭大运河的影响过程和作用机制提供方法论，但相关的研究未见报道。

③ 民居与人们日常生活密切相关，既是生活的重要载体，又是最重要的活动空间，随着大运河淤堵断航等历史原因，大运河文化受到一定的冲击。在新的时代背景下，如何充分发挥大运河民居文化遗产的价值，将其蕴含的传统文化运用到现代文化创意产业中，焕发运河文化新的活力，使其成为文化创意产业发展的新引擎、文化传承创新的新范式，是亟待开展的研究。

2.3 研究目的

目前对于大运河流域民居文化遗产的研究尚不全面，民居作为生产生活不可缺少的场所，与其历史、文化、环境有着不可分割的关系，应采用综合、动态的研究思维。本篇以景观基因理论为出发点，对大运河山东段传统城镇民居开展研究，分析大运河传统民居在历史文化脉络、社会地理环境等综合因素影响下，形成的建筑风格、建造格局、细部特征等，运用"胞—链—形"的层次结构研究方式，整理大运河传统城镇景观基因的根本结构和整体形态，以动态的角度，通过其景观基因结构的研究，探究大运河传统民居的形成发展过程，为大运河传统城镇的保护和发展提供理论实践支撑和新的研究视角。同时，尝试运用大运河传统民居景观基因的研究结果，对大运河传统城镇进行提升性的规划设计，以更好地传承发展大运河传统城镇民居及其人文景观环境的传统风貌。

2.4 研究内容

2.4.1 大运河山东段传统民居现状的调查研究

大运河作为线性文化遗产的代表，对山东段区域聚落的发展演变具有重大而特殊的影响。因此，对大运河民居的调研要从大运河的历史成因、发展轨迹及其对大运河传统聚落形成的根源性影响开始，时间和空间相结合，对大运河古镇民居建立全面、系统的认知，为景观基因识别与提取提供基础资料和数据。

2.4.2 大运河山东段传统民居景观基因的识别和提取

本篇以景观基因理论为视角开展大运河民居的研究，必然要以景观基因理论的研究方法对大运河民居进行景观基因识别，主要从屋顶造型、山墙造型、屋脸形式、平面结构、局部装饰和建筑用材等方面进行民居个体特征分析[1]，从街道走向、建筑布局等方面进行聚落民居空间整体特征分析，完成对大运河古镇民居景观基因的识别和提取。

---

① 刘沛林. 古村落文化景观的基因表达与景观识别 [J]. 衡阳师范学院学报（社会科学），2003（4）:6.

2.4.3 大运河山东段传统城镇"胞—链—形"层次结构分析

基于对民居景观基因的提取，进一步探讨传统城镇景观基因的结构类型，运用"胞—链—形"的结构分析方法，对以民居为核心构成要素的聚落景观形态进行分析，探究大运河传统城镇的整体聚落形态结构。以动态的角度，通过其景观基因结构和来源的研究，明确大运河对山东段沿途民居文化的影响，客观地揭示其演变及文化交融的历史面貌，探究其在传统民居形成发展过程中的角色和作用。

2.4.4 基于"景观基因链"理论的保护开发策略研究

以上述研究成果为指导，选取某一具有代表性的大运河传统城镇为研究案例，结合"景观基因链"理论进行现状分析，形成以文化景观恢复为目的的规划设计方案，以期对其保护开发模式提出意见建议。

2.5 研究方法

2.5.1 文献资料分析法

大运河距今已有 2 500 年的历史，对其区域民居的研究需要从实际出发、从历史出发，并对大运河民居相关的文献资料信息进行系统的整理归纳，掌握大运河民居的历史沿革、现存情况。结合前人的研究成果，建立大运河民居时空发展的整体性框架，尤其是对于在历史进程中自然消失的以及在开发利用过程中遭破坏而失去的重要内容加以整理利用，进而搜寻有价值的材料，以便开展研究。

2.5.2 实地调研法

实地调研是对文献分析的补充，便于从历史和现实两个角度全面认识研究主体。一方面，对于大运河民居的调研非常重要的手段就是观察，以亲身经历、亲眼所见来了解大运河流域各地民居的现状，包括消失的、废弃的、现存的以及尚在使用中的各类建筑；另一方面，民居是人类生活的主要场所，应综合分析民居及其利用现状，即原住民与建筑的相互关系。民居是人与环境交互的媒介，既要实地了解民居的结构功能，又要分析民居所在的社会文化环境，实地调研是掌握一手资料的必要途径。

2.5.3　比较分析法和特征提取法

比较分析法是对不同研究对象的相似或相异性的探究分析，是按照一定的标准对不同事物进行考察，以探讨其规律的做法。本篇基于景观基因理论对大运河流域民居进行的研究，就是要从差异中寻找规律，以区域为单位，寻找可供"遗传"的共性，探讨大运河聚落民居的遗传规律。通过比较分析法结合特征提取法，对大运河聚落民居进行特征提取，即景观基因的识别方法。

2.5.4　基于聚落景观形态分析的"胞—链—形"聚落结构分析方法

"胞—链—形"理论原本是生物学研究的重要理论，刘沛林（2011）将其运用到聚落景观基因的研究中，提出基于聚落景观形态分析的"胞—链—形"聚落结构分析方法，将聚落景观结构分为"胞—链—形"三个层次。本篇根据大运河民居的基本特征，运用该方法有助于更加全面系统地构建传统民居景观基因的层次结构。"胞"是构成大运河传统村落或城镇的基本单元，即个体民居；"链"是穿梭链接各单体民居所形成的交通链接系统；"形"是民居整体布局及其道路分布构成的运河传统村镇的整体景观基因形。

2.6　研究的技术路线

本篇研究的技术路线见图 2-1。

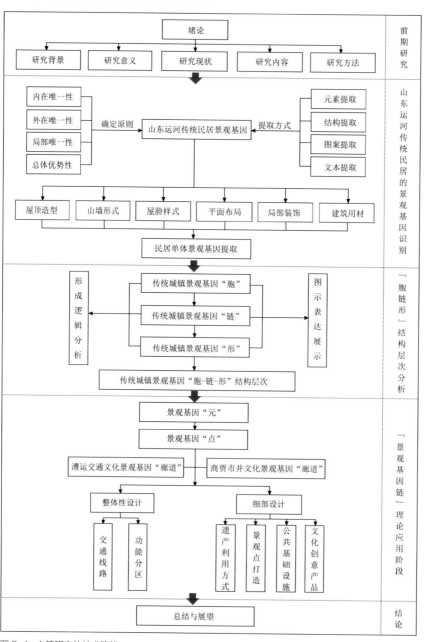

图 2-1　本篇研究的技术路线

3 时空维度下的大运河山东段古镇传统民居

3.1 大运河山东段古镇发展的时空格局

3.1.1 大运河山东段古镇的兴衰

在明成祖朱棣重开会通河，将京杭大运河全线贯通之前，山东西部地区以平原为主，黄河泛滥频发，陆路时常受阻，其本有的自然河流也因多为东西走向难以行船，导致水路、陆路交通不便，与外地交流匮乏，城镇形成缓慢。自运河贯通后，重修会通河"深一丈三尺，广三丈二尺"，自此京杭大运河贯穿山东，将台儿庄至临清沿途各地区紧密的连成了一个整体，大运河山东段流域成为经济社会发展的链条，大运河漕运的发展也成为山东段城镇发展的引擎，带动了运河沿线城镇的滋生和兴盛。由此，会通河重开后的明清时期是大运河山东段区域发展的黄金时期，本章所涉及的古镇主要是在这一时期形成的。

明清京杭大运河山东段（鲁运河）共经过东昌府、济宁直隶州、临清直隶州三个州府级的政治中心城市。在大运河的影响下，漕粮转运和人员流动频繁，使得该区域对外交流不断扩大，改变了当地人们的生活、生产方式，原本重农轻商的儒家思想受到现实条件的冲击，工商业逐步发达，城市影响力逐渐扩大，城市地位不断上升，均发展成为大运河山东沿线比较发达的商业城市。《明史》中可见山东巡抚按陈济上疏道"淮安、济宁、东昌、临清、德州、直沽，商贩所聚"[①]，可见，城市商业之繁荣不容小觑。临近运河的闭塞之地变成了交通要地，部分区域因远离运河日趋暗淡，偏离运河的城市纷纷开辟航道与运河产生关联，于是在距离重要中心城市较近而且交通便利的运河沿岸滋生出了许多中小城镇，既有着便利的交通优势，又作为与县级中心城市的连接枢纽，其区位优势明显。随着漕运迅速

---

① 张廷玉．明史：卷八十一：食货五［M］．北京：中华书局，2015．

发展壮大，发展成为区域性的商业中心城镇，部分城镇其繁华程度比之县级中心城市有过之而无不及。例如，七级、阿城、张秋、南阳、夏镇、台儿庄等运河重镇成为山东运河沿岸的璀璨明珠。至清乾隆、嘉庆时期，大运河山东区域沿线城镇发展达到鼎盛。

清朝中叶以后，政治腐败混乱、战乱起义频发加上黄河决口的影响，大运河山东段日渐淤堵缺乏修葺，逐渐失去了强大的运输能力。全面繁荣的山东运河流域随着河道失修淤堵，丧失了原本的经济地理优势而渐渐衰败没落。可见，大运河山东段古城镇因运河而盛，又因运河而衰，大运河在该区域社会经济发展过程中发挥着关键性作用。

3.1.2 大运河山东段古城镇的空间分布格局

民居是城镇的主体构成要素，本章研究的是大运河山东段古城镇民居，其发展必然和古城镇的发展息息相关，因此，首先要明确山东运河古城镇的发展格局。大运河山东段主要流经聊城市、济宁市、枣庄市，依据地理位置可主要划分为聊城段、梁济运河段、南四湖区段三大段（图3-1），较有规模的古城镇约有13个。其中已发展成为府、州级的政治中心城市或依托府、州级的政治中心城市发展的城镇有3个，分别为东昌府、临清直隶州、任城；发展水平及经济辐射能力超过临近县级中心城市的有2个，分别是台儿庄、张秋镇；其余形成一定的规模具有一定影响力的商业城镇有8个，分别是夏镇、南阳镇、安居镇、长沟镇、南旺镇、安山镇、阿城镇、七级镇。从河段分布上看，聊城段有5个，梁济运河段有5个，南四湖区段有3个（图3-2）。

图 3-1　区位三段划分（付昊 绘）

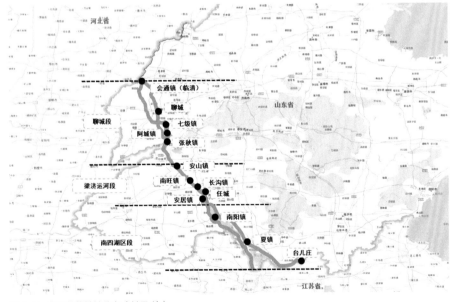

图 3-2　主要传统城镇分布（付昊 绘）

3.1.3 大运河山东段古城镇的发展情况分析

大运河山东段较有规模的古城镇均处于运河沿线地带，具有便利的交通，而且作为周边城市和运河连接的渠道，成为不可替代的商业集中地。临清和任城是大运河山东段依靠大运河发展起来的两个最大的商业城市，两者作为大运河山东段南北两侧的重要商品集散中心，辐射范围几乎覆盖了整个大运河山东段区域。张秋镇地处两大城市之间，且为阳谷、东阿、寿张三县与运河联络的渠道，发展迅速，经济实力已经超过了一般的县级城市。夏镇、南阳、台儿庄、七级、阿城等交通便利的新兴小镇分布其间，作为连接大运河周边区域城市的联络点和物质交换的转运站，均受益于明永乐年间会通河贯通后带来的交通红利，打破了原本的地域限制，其发展繁荣程度也达到了较高的水平，成为活跃在大运河沿线的明星城镇和商业经济繁荣的地区。[①]清朝中叶以后，战争起义频发、黄河改道等因素导致大运河淤堵，通航受限，各传统的大运河城市也进入衰败期，可谓兴于运河，衰于运河（王云，2006）（表3-1）。

表3-1 大运河山东段古城镇兴衰情况一览

城镇名称	所属城市	发展起点	区位优势	衰落节点
台儿庄	枣庄市	明万历年间加运河开通	峄县与运河连接地，辐射苏鲁边界，军事要地	民国时期黄河决口，航运受阻
夏镇	济宁市	明隆庆年间南阳新河通航	滕县、沛县、丰县进出运河、行商出货的要道，湖滨低洼地带的一处高地	民国时期黄河决口，航运受阻
南阳镇	济宁市	明隆庆年间南阳新运河开通	金乡、鱼台与运河连接地，京杭大运河穿镇而过	民国时期黄河决口，航运受阻
任城	济宁市	元至元年间济州河开通	"南控徐沛，北接汶泗"成为山东运河咽喉重地	民国时期黄河决口，航运受阻
安居镇	济宁市	明永乐年间会通河贯通	引盐转运码头和区域性粮食销售中心，嘉祥和巨野两县与运河联系的枢纽	民国时期黄河决口，航运受阻

---

① 姜姗. 京杭大运河山东段建筑文化遗产的景观地理研究 [D]. 山东大学,2019.

城镇名称	所属城市	发展起点	区位优势	衰落节点
长沟镇	济宁市	明永乐年间会通河贯通	嘉祥、巨野和运河连接的枢纽	民国时期黄河决口，航运受阻
南旺镇	济宁市	明永乐年间会通河贯通	运河全线的"水脊"，重点分水枢纽工程成为漕运重镇	民国时期黄河决口，航运受阻
安山镇	济宁市	明永乐年间运河改道	运河穿镇而过，南北货物由此地转贩	民国时期黄河决口，航运受阻
张秋镇	聊城市	明永乐年间会通河贯通	阳谷、东阿、寿张与运河联络的枢纽，货物集散地	太平天国运动，黄河改道
阿城镇	聊城市	明永乐年间会通河贯通	为阳谷县与运河关联的枢纽城镇，重要的盐运码头	太平天国运动，黄河改道
七级镇	聊城市	明永乐年间会通河贯通	东阿、莘县、阳谷三县均以此为转运码头	太平天国运动，黄河改道
东昌府	聊城市	明永乐年间会通河贯通	区域政治军事中心城市，贯穿南北成为商贸城市	运河拥堵，商人离散
临清	聊城市	明永乐年间会通河贯通	连通会通河与卫运河，建立粮仓和钞关，商品贸易频繁	清水教起义、太平天国运动

3.2 大运河山东段古镇传统民居遗存现状

3.2.1 研究对象的界定

本章研究的主体是大运河山东段古镇民居，是以景观基因理论的角度研究大运河与民居文化之间的相互关系，因此本章研究的大运河传统民居应是其居民生产生活与大运河密切相关的民间居住建筑，是随着大运河发展繁荣而并生出的服务于、受益于大运河的民间住宅，以及人们因大运河而获取的生产、生活经验对原有房屋进行升级改善的适用于大运河生活模式的民间住宅，而不是泛指大运河流域的所有民居。即部分存在于大运河流域但是和大运河文化无直接或间接关系、不受大运河兴衰影响、不受大运河风俗文化浸染的民居建筑非本章研究的民居样本。

3.2.2 大运河山东段古镇传统民居保护现状

民居作为城镇居民生活的主体空间，其发展依托于所在社会环境，与城镇大环境的变化有着密切的关系，尤其是大运河聚落传统民居的发展更是以大运河的兴衰为主导。前文对大运河山东段城镇自明清以来的发展状况及地理区位进行了分析，大运河城镇随着明永乐年间会通河贯通开始崭露头角，明清时期发展迅速，大运河民居也随着经济复苏服务于生产生活，而清朝后期因战乱起义频发波及航运，甚至以大运河沿岸城镇为战场，加之黄河水患严重，朝廷疲于战事无心疏通，最终导致大运河城镇商贾外流、经商环境破坏，部分大运河城镇也在战争中化作瓦砾，失去往日的繁荣，其独特的大运河民居形式随之失去了作用，逐渐被历史所淘汰。

实地调研发现，自大运河航运受阻，山东运河流域经济走向衰退之后，明清时期形成的大运河传统民居建筑逐渐被红砖瓦房取代，另有一部分在20世纪70年代被破坏，存量有限。现存的传统民居则大多被当地政府列为文物保护单位，加以保护。目前大运河传统民居保存数量最多、保存情况最完好的区域为临清中洲地区，有单家大院、张氏民居、苗家杂货铺、冀家大院、汪家大院等民居建筑，以及大量墙体、屋顶、门窗被改造但房屋主要承重木结构仍然延用至今的民居（图3-3）；微山县南阳古镇、鲁桥镇古街、任城竹竿巷、南旺镇分水枢纽遗址、阳谷县七级镇运河古街、张秋镇陈氏民居、东昌府米市街等地均有部分运河传统民居建筑遗存，但是数量较少，部分传统民居散落在各古街古巷内，岌岌可危。

图 3-3 墙体和门窗修改仅保留主要承重木结构的民居（付昊 摄）

3.2.3　大运河山东段古镇传统民居类型

根据前文对运河传统民居的界定，结合实地调研，得出大运河山东段沿线民居根据其功能可划分为店铺民居（图3-4、图3-5）和宅院民居（图3-6）两种主要住宅形式，它们均以庭院式院落布局为基础，根据功能属性而发展为不同的民居形式，民居整体格局都是以三合院和四合院的格局为主，有着典型的北方特征。但又因和大运河联系紧密，并不讲究绝对的对称，呈现出灵活多样的布局形式，与北方建筑讲究的对称庄重略有不同。

图3-4　店铺民居1（付昊 摄）　　　图3-5　店铺民居2（付昊 摄）

图3-6　宅院民居（付昊 摄）

1）店铺民居

（1）形成历史

店铺民居是大运河山东段传统民居的重要类型，是大运河传统民居的独特表现形式，其形成与大运河有着密不可分的联系。山东西部地区明清时期迎来的快速发展可以用"因运而兴"四个字来形容，会通河的贯通沟通了南北地区，漕粮运送、商品交换、人口流动等社会活动频繁，围绕于运河、服务于运河、受益于运河成为大运河流域居民的生活模式。为了满足生活和生产的双重需求，出现了商住结合的居住模式，店铺民居形式在山东运河流域广为盛行，从南阳古镇北上途径鲁桥镇、七级镇直至临清，均可在各运河商业古街巷看到店铺民居的身影，可见其作为山东运河传统民居的独特类型，是大运河对周边地域传统民居发挥影响和作用的突出表现。这类民居以临清中洲古街巷、七级镇运河古街、鲁桥古街等街巷现存民居为典型代表。

（2）形态特征

大运河山东段传统店铺民居往往临近运河码头或临河布局，存在于大运河城镇临近大运河的传统街巷中，方便以大运河为中心的商品交换，采取临街布局形式以满足生产经营的需求。受大运河漕运大环境影响，这些临街店铺多以小商品交易或小手工艺作坊为主，因为其独特的经营模式而发展成为"前店后坊""前店后宅"的院落格局特征（图3-7）。此种布局模式将店铺民居大致分为内外两个部分：对外为临街临巷的商业空间，具有较强的开放性，以从事商品经营为主；对内为相对隐私的起居空间，较安静、私密。进入后院的通道或在店铺建筑靠近内院一侧设有后门，或在店铺建筑垂直于街巷一侧辟有尺度狭窄的通道通往内院（图3-8）。

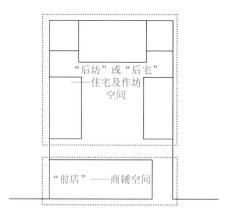

"后坊"或"后宅"
——住宅及作坊空间

"前店"——商铺空间

街巷空间

图 3-7　前店后坊（宅）布局

图 3-8　两种进入后院的模式（付昊 摄）

2）宅院民居

（1）形成历史

在明清时期大运河山东段区域经济快速发展的大背景下，部分本地土著发家致富扩建改造原有的住宅，也有全国各地前来经商的商人移居至此。部分经济实力雄厚的商家选择与店铺分离的居住形式，店铺只从事商业活动，居住地与店铺不建在一处，以远离繁华的闹市，保证安静的居住环境，显示尊贵的地位或经济实力。这类民居以临清冀家大院（图3-9）、汪家大院、单家民居、箍桶巷张氏民居、张秋镇陈氏民居等传统宅院民居为典型代表。

图 3-9　临清中洲冀家大院民居（付昊 摄）

（2）形态特征

这类宅院民居以合院为主要的住宅形式，多是封闭的三合院或四合院（图3-10），也有实力更为雄厚的家族会形成多个院落组成的形式，院落包括正房、耳房、东西厢房和倒座，以及宅门、影壁等。这些宅院民居有着典型的北方四合院特点，以坐北朝南为主布局，但也会因大运河走向及实际空间灵活调整布局形式，不受传统民居规制绝对对称的约束，更加灵活多样。部分住宅主人是来自外地的商人，在建造房屋时往往融入了家乡风格，也使得大运河山东段传统宅院民居更加活跃多变，体现出南北交融的建筑特点。例如，汪家大院为徽商所建，孙家大院也兼具徽派建筑特点，体现了徽派建筑的细腻严谨，但是并未出现徽派建筑典型的马头墙和水墨画似的黑白色调（图 3-11、图 3-12）。

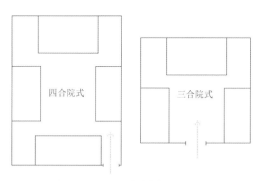

图 3-10 山东运河传统民居合院式布局

图 3-11 徽派建筑孙家大院砖雕（付昊 摄）　图 3-12 徽派建筑孙家大院木雕（付昊 摄）

3.3 本章小结

　　本章主要对大运河山东段传统城镇历史发展脉络和运河传统民居的形成及形态特点做了研究整理，从大运河古城镇的兴衰发展反映出运河传统民居形成机制，即"因运而生、兴衰与共"的发展特点。笔者整理所得出大运河山东段形成一定的规模且具有一定影响力的传统城镇有 13 个，并对其发展优势进行了详细分析。大运河山东段传统城镇自明永乐年间重开会通河开始走向兴盛，居民谋生自此和大运河息息相关，民居建筑也适应经济发展的需要出现了特殊的店铺民居形式。区域经济的繁荣吸引了大量的外地商人，也引入了细腻灵巧的南方民居，在与北方民居的兼容并蓄中，形成了独具特色的山东运河宅院民居和多院结合的家族式民居，也体现了明清以来京杭大运河的南北文化交融。

4 大运河山东段传统民居景观基因的识别和提取

　　自清咸丰年间，大运河山东段繁荣的社会经济走入了衰败期，各地大运河城镇失去了往日的繁华，山东运河传统民居同时受到了冲击，代表区域文化景观的各地大运河传统民居在历史进程中日趋减少，各种独特的大运河传统民居景观基因也随之破坏，甚至消失。文化景观基因既是文化景观传承发展的关键因子，又是区别不同文化景观最本质特征的重要依据。对大运河传统民居开展继承性保护，首先要弄清大运河传统民居传承的根本性因素，即对其进行景观基因的识别和提取，以期在民居文化保护上能够保持其原真性。

4.1　景观基因识别的理论方法

4.1.1　确定民居景观基因的原则

　　依据景观基因理论，景观基因的识别和提取是以科学为依据对文化景观要素逐个分析、全方位解析的过程，全面了解其外部特征和内在成因，应遵循内在唯一性、外在唯一性、局部唯一性和总体优势性四项原则[①]，结合研究对象的具体特征，对大运河山东段传统民居进行景观基因识别。内在唯一性原则是大运河山东段传统民居不同于其他民居形式的文化特征，其内在成因应为该民居形式独有而其他民居不具备的，是文化景观最本质的特征；外在唯一性原则是指显露在外的景观特征具有独特性；局部唯一性是指某些局部但又关键的景观要素为大运河山东段传统民居与周边大部分文化景观进行区分的特征；总体优势性是指某些景观要素并非大运河山东段传统民居所独有，但是相对其他民居却又更突出。如图4-1所示。

---

① 刘沛林. 中国传统聚落景观基因图谱的构建与应用研究 [D]. 北京大学 ,2011.

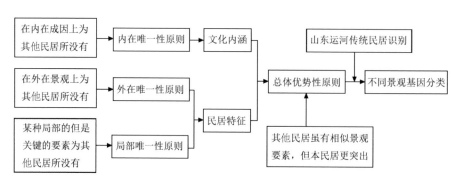

图 4-1 确定大运河山东段传统民居景观基因的原则

4.1.2 民居景观基因的分类方法

景观基因的分类方法依据不同的标准和不同的角度可以有很多种，刘沛林等（2009）提出了景观基因分类的二分法，即根据其重要性和外在表现形式的两种分类方法，也存在根据空间尺度划分、根据基因表达方式划分、根据空间形态表达方式划分等多种分类方法。本节采用胡最等（2015）提出的景观特征解构法，将民居景观基因分为建筑、文化、环境、布局四大类，该方法更适合大运河山东段传统民居的景观基因分类（表 4-1）。

表 4-1 民居景观基因特征解构法

类别	分类说明	具体实例
建筑	民居建筑单体特征	店铺民居样式
文化	文化信仰、风俗习惯特征	商业市井文化
环境	自然环境、社会环境特征	紧靠运河的环境优势
布局	民居选址、布局格局和思想	尊卑有分的合院形式

4.1.3 民居景观基因的识别方法

景观基因的识别需要科学合理的提取方法，申秀英等（2016）提出了元素提取、图案提取、结构提取、含义提取的四种提取方法。胡最等（2015）运用特征解构对景观基因分类识别，提出了特征解构提取法，将民居景观基因进行分类并建立景观基因识别要素，然后综合运用四种提取方法对各要素进行识别，最后将识别结果合并为建筑、文化、环境、布局四大类特征基因（图4-2）。

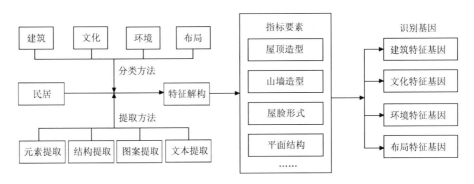

图 4-2　大运河山东段传统民居景观基因识别方法

4.1.4 大运河山东段传统民居景观基因识别要素

我国民居形式多样，要想准确识别出大运河山东段传统民居独特的景观基因，首先要掌握该类型民居的构成要素，明确其景观要素的主要类别，再有针对性地对各要素进行基因识别。本节根据上文景观基因的确定原则和识别方法，对大运河山东段传统民居景观基因类型分解屋顶造型、山墙形式、屋脸样式、平面形态、局部装饰、建筑用材（刘沛林，2003）（图4-3）。

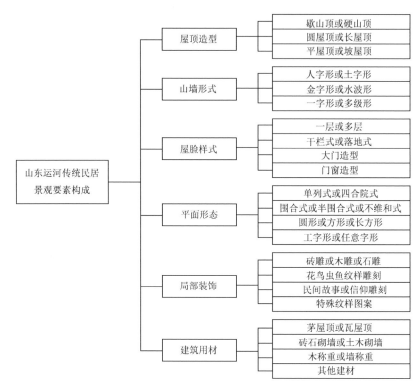

图 4-3　大运河山东段传统民居景观要素构成

4.2　大运河山东段传统民居景观基因的识别和提取

4.2.1　屋顶造型

中国传统建筑以屋顶为显著特征，宝盖头在中国古文化往往表示屋顶，从"穴、寝、家、宅"等字可以看出，具有宝盖头的汉字多和房屋住所有关，体现出屋顶在我国传统文化中具有极高的地位。研究大运河山东段传统民居的景观基因，从屋顶入手可以从整体特征上为民居建筑的轮廓定型。通过调研发现，大运河山东段民居屋顶从形式上主要分为硬山式屋顶和囤顶屋顶两种形式，本节结合店铺民居和宅院民居两种类型进行分析。

1）硬山式屋顶

硬山式屋顶于明代出现，是北方比较常见的屋顶形式。我国屋顶受封建制度的观念影响具有很严格的等级制度，其中硬山顶是一种等级较低的屋顶形式，山东运河流域从明永乐时期开始走向繁荣，这种硬山顶也在山东运河流域成了主流的屋顶形式，在民居中占有主体地位。屋顶内部为木质承重结构，是屋顶的主要框架；屋顶表层多以黏土烧制的青瓦进行铺设，铺设具有一定的秩序性，总体以青灰色为主要色调，在山东运河流域形成了比较统一的硬山式屋顶形式（图4-4、图4-5）。

图4-4 临清单氏民居硬山顶正面（付昊 摄）　　图4-5 南阳古镇建筑硬山顶（付昊 摄）

（1）屋顶外部基因

大运河山东段传统硬山顶民居屋顶外部基因可从屋脊类型、屋面秩序、屋檐装饰三个方面进行识别。

屋脊类型：该区域硬山顶民居屋脊类型要素基因以直线型的类型为主，主要有花板石脊、空花脊、扁担脊、过垄脊等基因类型。花板石脊主要由陡板、砖、板瓦等组成，由竖立的长方形陡板铺底，陡板砖雕刻有各类花草鱼兽等纹样，组合形成长条形图案或重复纹样，上方方砖垫层，顶部板瓦盖顶；空花脊是用瓦组合排列形成镂空的花样装饰，如蝴蝶纹、鱼鳞纹等，空花脊与花板石脊的重要区别是使用镂空排列的板瓦取代了陡板，使整体更通透、轻快，空花脊在南方民居更为常见；扁担脊是工艺十分简单的屋脊，是有几层板瓦组合垒成，结构造型更简单直接，长条如同扁担；过垅脊又称"卷棚脊"，是一种由筒瓦或板瓦形成的圆弧形屋脊，整体圆融顺滑（表4-2）。

表4-2 大运河山东段传统民居硬山顶屋脊基因

屋脊基因类型	基因特点	构成要件	现场局部实例
花板石脊	整体端庄	陡板、砖、板瓦	
空花脊	通透轻快	筒瓦、板瓦、砖	
扁担脊	简单直接	砖、筒瓦或板瓦	
过垅脊	圆融顺滑	筒瓦、板瓦	

屋面秩序：山东西部平原地区土质较好，黏土烧制的青色砖瓦在民间建筑中使用十分广泛，大运河山东段传统民居屋面使用的瓦片也是以青色黏土烧制成品为主，主要是有板瓦和筒瓦两种。板瓦是横截面小于半圆、前段略窄的弧形瓦片；筒瓦是横截面为半圆的半圆形瓦片，常用作板瓦上方，用以覆盖板瓦之间的间隙（图4-6、图4-7）。

图4-6　板瓦（付昊摄）

图4-7　筒瓦（付昊摄）

　　大运河山东段传统民居在屋顶基因中屋面秩序方面常使用干搓瓦、合瓦、筒瓦三种屋面布局形式。干搓瓦屋面是以板瓦为全部构成要素，圆心朝上堆叠成列，排排紧凑形成的瓦片堆叠秩序；合瓦屋面也是全部使用板瓦的一种形式，铺设时一仰一合配对相扣，因此又叫"阴阳瓦"，是大运河山东段传统民居最常见的一种瓦片铺设形式；筒瓦屋面是筒瓦和板瓦兼用的铺设形式，以板瓦为底，筒瓦为盖，覆盖在两列板瓦之间，形成半圆形隆起，规格较高，使用较少（表4-3）。

表4-3　大运河山东段传统民居硬山顶屋面基因

屋面基因类型	基因特点	构成要件	现场局部实例
干搓瓦屋面	仰面圆心朝上为列依次紧凑铺设	板瓦	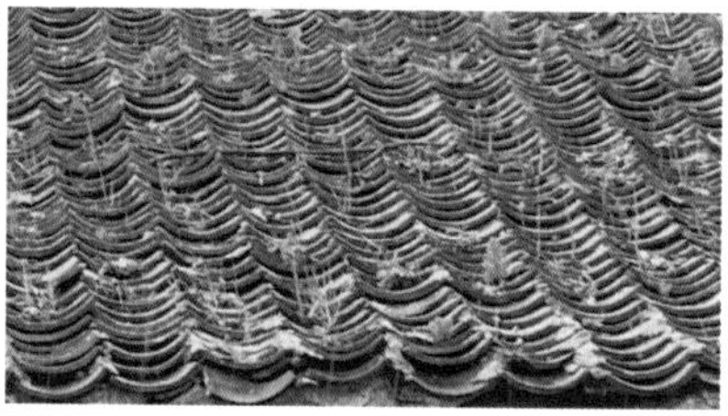
合瓦屋面	一仰一合正反相扣	板瓦	
筒瓦屋面	板瓦仰卧为底，筒瓦覆盖两垄板瓦之间为盖	板瓦、筒瓦	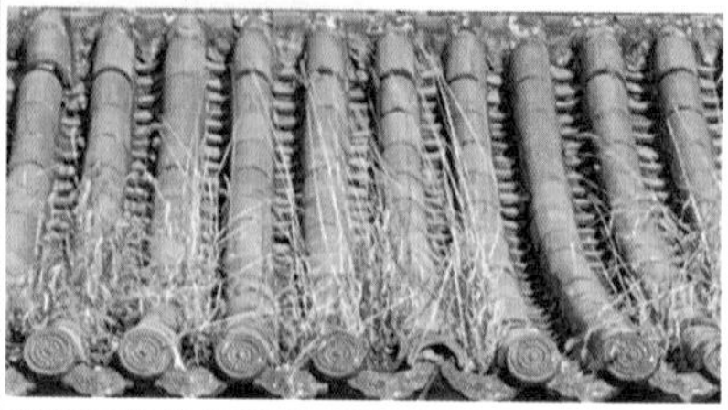

屋檐装饰：大运河山东段传统民居屋檐基因主要由勾头、滴水和椽头组合构成，和我国大部分传统民居屋檐相似。勾头又称瓦当，用于筒瓦最下端出檐处；滴水用于板瓦最下端出檐处；椽头以扁圆形为主，少部分有方形，总体造型风格质朴。

（2）屋顶内部基因

大运河山东段传统民居硬山式屋顶内部主要从坡顶结构和梁架结构两方面识别其基因。

坡顶结构：该类型硬山坡顶结构主要由四层材料组合而成，经调研得出有两种用材形式，两种结构由上至下分别为：瓦片、苦背、苇箔、椽木；瓦片、苦背、笆砖、椽木（图4-8）。两者的区别是夹层用材一为苇箔一为笆砖，是受成本造价影响，大户人家住宅或重要建筑多用笆砖作为夹层。坡顶采用生起等手法，使屋面形成上陡下缓的优美曲线，从而避免了大面积屋面带来的单调。

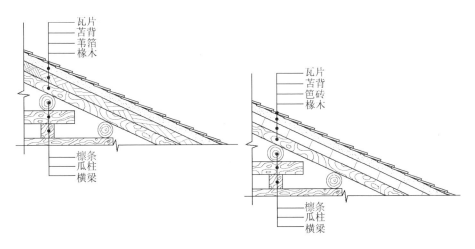

图4-8　大运河山东段传统民居硬山坡顶内部结构示意图
[注：参考刘婉婷（2020）]

梁架结构：大运河山东段传统硬山顶民居屋顶多采用抬梁式结构，是一种以木质梁柱为承重主体的结构类型，主要构件有檩条、梁条、立柱，也有部分造价较低的三角屋架式结构。"四梁八柱"常用来形容抬梁式结构的豪华气派，四梁即四条大梁，八柱即大梁下立有承重柱八根。大运河山东段传统硬山顶民居屋顶梁架结构基因主要由五檩不带廊式、七檩前后廊式、八檩前后廊式、八字屋架式、八字斜撑式共五种抬梁式梁架结构基因。调研发现，普通民居以五檩不带廊式最为普遍，也有部分成本较低的八字屋架式，而大院民居则以七檩前后廊式、八檩前后廊式为主，其中廊下空间多以前廊为外廊、后廊为室内空间的房屋空间使用模式，使得房屋空间格局更加灵活实用且美观大方。具体梁架结构基因类型见表4-4。

表4-4 大运河山东段传统硬山顶民居梁架结构基因

梁架结构	基因特点	结构示意	现场局部实例
抬梁式	五檩不带廊		
	七檩前后廊		
	八檩前后廊	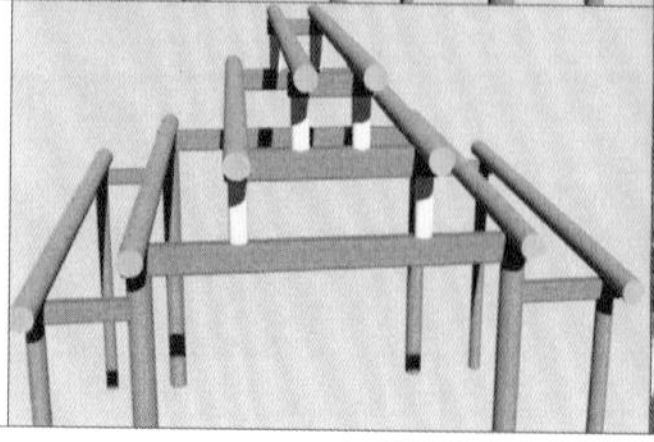	

梁架结构	基因特点	结构示意	现场局部实例
三角式	八字屋架		
	八字斜撑		

2）囤顶屋顶

囤顶屋顶呈现略微弧度，造型敦厚，是农耕文化的体现。在山东段大运河流域因运而兴快速发展前，农耕是鲁西平原地区的主要生产、生活方式，囤顶屋顶既可以利用屋顶通风、小弧度、大面积的特点解决粮食晾晒的问题，又因建造方式简单节省了成本，成为小农经济中性价比较高的屋顶形式。随着大运河通航带来的经济模式转变，部分从事农业生产的住民转为依靠运河发展商品经济，于是囤顶民居在原有基础上延伸发展出了商住一体的店铺民居模式（图 4-9），是大运河文化与农耕文明交流融合的

图 4-9　囤顶店铺民居（聊城市阳谷县七级镇）（付昊 摄）

重要特点，是大运河对沿途民居文化产生影响的重要体现。聊城市七级镇囤顶民居为其典型代表。因其造价低廉、结构简单，囤顶屋顶往往没有过多的装饰，弧形黑色屋顶是其外观可识别的显著基因，在其造型结构上，以坡顶结构和梁架结构两个要素来对囤顶民居屋顶进行基因识别。

（1）坡顶结构

囤顶屋顶制作工艺简单，弧度较小，无须使用瓦片，屋顶表层以炉渣白灰为原料制成泥浆，置于表层晾干具有防水功能，色泽偏黑。囤顶坡顶结构主要由四层材料组合而成（图 4-10），经调研得出其中一层根据成本有两种选择，两种结构由上至下分别为：

① 炉渣灰泥、苫背、苇箔、橡木；

② 炉渣灰泥、苫背、笆砖、橡木。

两者的唯一区别是夹层用材受成本影响选择苇箔或笆砖（图 4-11）。

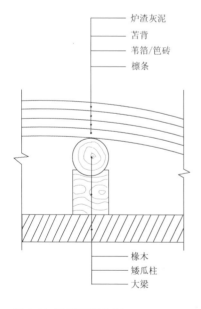

图 4-10　囤顶屋面结构分解
[注：参考刘婉婷（2020）]

4-11　使用笆砖和苇箔的屋顶
（付昊 摄）

（2）梁架结构

囤顶屋顶内部梁架制作主要需要解决的是弧形坡面的支撑问题。调研发现，目前梁架结构基因主要有两种：一为简易的无瓜柱弯梁模式，需要一根弧度合适的弯曲木料作为屋顶大梁，各檩条根据大梁弧度依次排列，继而形成有弧度的梁架结构，该结构屋顶重量主要由弯曲的大梁承担，但因大梁选材有一定的难度且弯梁结构难以保持稳定，该种方式并非主流；另一种为有瓜柱的直梁模式，该结构使用直梁代替弯梁，使用高低不同的竖向矮瓜柱作为大梁和檩条间的衔接，构成弧面结构支撑，通过控制矮瓜柱的长短控制屋面弧度，结构稳定，成为囤顶屋顶的主流梁架结构。大运河山东段传统囤顶民居梁架结构基因见表4-5。

表4-5　山东运河传统囤顶民居梁架结构基因

基因类型	基因特点	结构示意	现场局部实例
无瓜柱弯梁	制作简单结构不稳	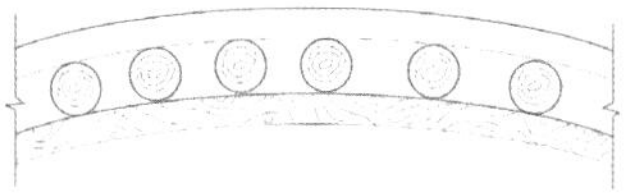	
有瓜柱直梁	用材丰富结构稳定	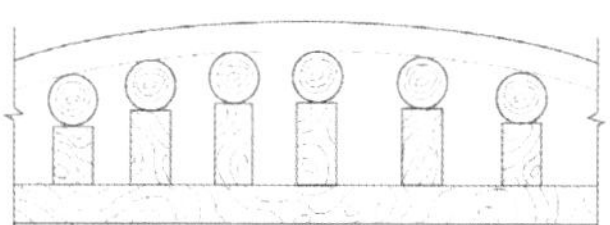	

4.2.2 山墙形式

山墙是指建筑物进深方向两侧的横向墙，平行于建筑物的短轴。大运河山东段传统民居的山墙造型基因主要以硬山式屋顶为代表，囤顶屋顶民居因低造价往往是单纯墙面，并无特殊装饰或显著局部特征。硬山式屋顶民居山墙要素的基因可以从山尖造型、垂脊、博风、山花板四部分提取。

调研得出，该区域硬山顶民居的山尖主要由人字形尖山式和人字形圆山式两种造型基因，尖山式是屋顶同侧两个垂脊之间形成的山尖造型为尖头三角状，圆山式的山尖顶端则为圆弧状。垂脊往往采用披水排山脊的做法，造型流畅直爽。而山东运河流域官署建筑、寺庙建筑以及会馆建筑多会使用材料更复杂、造价更高的铃铛排山脊，是民居建筑不同于其他建筑的基因之一。铃铛排山脊是用滴水和瓦当交替排布，披水排山脊以披水砖取代二者，以线性的韵律之美代替了铃铛排水脊交替排列的节奏韵律。大运河山东段传统民居是硬山顶建筑，没有悬山顶两侧突出的坡屋顶，山墙和屋顶侧檐相对较平齐，因此，博风大多并非为常用的木质，而是使用雕刻图案的博风砖，只有店铺民居的门面房因特殊的出檐构造使用木质博风板，成为其博风板基因。前后博风板所夹的三角形区域顶部称为山花，普通民居并无特制的山花，往往外商迁入后建造的民居才会在山尖上重点装饰山花，如临清冀家大院，体现出了运河带来的文化交融对传统民居的影响。山东运河传统民居山墙造型基因提取见表4-6。

4.2.3 屋脸样式

屋脸，顾名思义是房子面向外界最主要的一面，如同人脸一样是房屋的"面子"所在，屋脸也是整个民居中装饰较为复杂、构造较为丰富的一个部分，是民居特征的重点体现部位，其景观基因自然也丰富独特。对于大运河山东段传统民居的屋脸样式要素的景观基因识别可以从下面三个方面进行：屋脸立面、门窗洞形式、出檐构造。大运河山东段传统民居中无论是店铺民居和宅院民居，还是硬山式屋顶民居和囤顶屋顶民居，其建造

表 4-6　硬山式屋顶民居山墙造型基因提取

基因要素	基因类型	基因特点	说明	现场局部实例
山尖造型	人字形尖山式	尖头三角状	造型刚正	
	人字形圆山式	圆弧状	造型敦实	
垂脊	披水排山脊	披水砖排列形成	官式建筑多为铃铛排水脊	
博风	博风砖	宅院民居头砖雕花处理	以雕花青砖做博风	
	博风板	店铺民居出檐使用木质博风	博风板外端造型各异	
山花板	有山花装饰	雕花青砖装饰	多为外商建造	
	无山花装饰	普通青砖铺装	多为本土居民建造	

成本、功能作用均有不同，屋脸样式也各不相同，要准确把握山东运河传统民居屋脸样式，需要逐一进行基因识别。

1）屋脸立面

大运河山东段传统民居的屋脸分为两大类，店铺民居的屋脸主要以经营为主的临街门面房为识别主体，宅院民居主要以院落正房为识别主体。其中，店铺民居又可分为全开敞门面屋脸和半开敞门面屋脸两种，宅院民居也可分为带廊式屋脸和不带廊式屋脸两种。

（1）店铺民居屋脸立面

店铺民居的出现是大运河文化影响周边生活方式的重要结果，店铺民居也因硬山式屋顶和囤顶屋顶两种不同的屋顶样式衍生出不同的屋脸立面。

囤顶屋顶作为农耕文化的产物，具有悠久的历史，大运河发展繁荣引发人们从农业生产转向依托运河的商品贸易，对住宅的影响首先体现在原本经济实惠的囤顶屋顶民居由具有单纯粮食晾晒功能的居住场所转向服务于商业贸易的商业场所。商业经营之初，或因资金有限，或因商业规模较小，对从事商业贸易的建筑要求较低，最简单快捷的办法是在原有临街房屋的基础上进行改造，在墙面开辟窗户、拓宽增高大门，以形成半开敞的互动空间，便于商业经营，也就形成了最初的店铺民居。

这种半开敞门面屋脸（图4-12）往往是中间有着较高的板搭门店门、两侧开窗的简易布局。随着经营规模扩大，为打破这种半开敞门面屋脸布局的局限性，出现了全开敞门面（图4-13），即临街一侧取消窗户、减少墙体，大面积使用特定的板搭门，空间更为开敞，是店铺民居为适应运河商业文化的进一步演变。囤顶店铺民居因其成本简单、就地取材的特性，在屋脸立面上并无过多的装饰。

图4-12 七级镇半开敞门面屋脸（付昊 摄）　图4-13 七级镇全开敞门面屋脸（付昊 摄）

硬山式屋顶店铺民居在发展过程中与囤顶屋顶较为相似，区别在于坡屋顶店铺民居往往出现在商业发展更为繁华的大城镇，采用的是全开敞空间类型，即沿街店铺屋脸采用板搭门和立柱结合形成全开敞交易空间。两种全开敞空间的共同点是采用板搭门和立柱交替组合形成屋脸主体，根据房屋宽度决定板搭门的数量。一般来说，全开敞囤顶民居多为三柱夹两门，硬山顶民居多为四柱夹三门或五柱夹四门的立面配置，由此可推测其经营规模的差异。店铺民居屋脸立面样式基因提取见表4-7。

表4-7 大运河山东段传统店铺民居屋脸立面样式基因提取

大类	基因类型	基因特点	屋脸立面基因图示	现场局部实例
囤顶屋顶	半开敞门面	临街一侧板搭门居中，两侧墙体开窗		
	三柱夹两门全开敞门面	临街一侧无窗户、墙面，三根立柱间使用板搭门		
硬山式屋顶	四柱夹三门式全开敞门面	临街一侧无窗户、墙面，四根立柱间使用板搭门	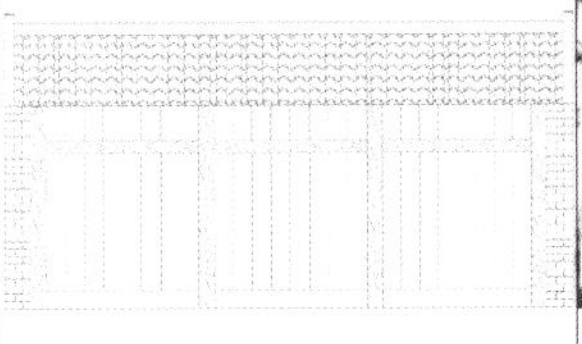	
	五柱夹四门式全开敞门面	临街一侧无窗户、墙面，五根立柱间使用板搭门	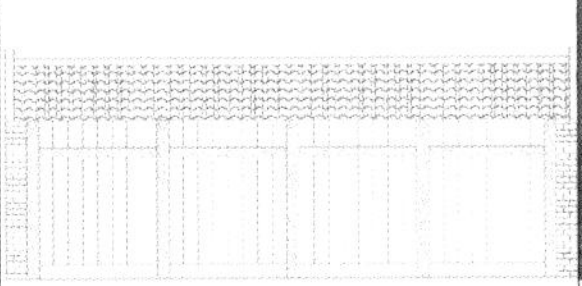	

（2）宅院民居屋脸立面

宅院民居是大运河山东段传统民居中的重要类型，这种民居离开了热闹的商业街巷，注重生活的舒适度和品质，具有较强的私密性。因其不具有商业经营的功能，宅院民居的屋脸立面符合传统的北方民居主要基因特征。宅院民居主要以硬山式屋顶建筑为主，因而，本节涉及的宅院民居主要是以硬山式屋顶民居为研究对象。前文对硬山式屋顶民居总结提取出了两类梁架结构基因，分别为带廊式和不带廊式，屋脸立面也受这两种结构的影响各自有不同的处理手法，即不同的立面基因。带廊式屋脸常有三种基因类型：①一门两窗的砖墙立面；②联排隔扇门形成的木质立面；③槛墙与隔扇结合的砖木立面（隔扇门、隔扇窗、槛墙结合）。不带廊式屋脸因没有外廊形成的遮蔽空间，木材质容易受雨雪影响难以长久保存，所以只有一门两窗的砖墙立面形式。宅院民居屋脸立面样式基因提取见表4-8。

表4-8 大运河山东段传统宅院民居屋脸立面样式基因提取

大类	基因类型	基因特点	屋脸立面基因图示	现场局部实例
带廊式	一门两窗的砖墙立面	简约朴实，不易损坏		
	联排隔扇门形成的木质立面	隔扇固定成为墙体式隔断，通透又富于变化		
不带廊式	槛墙与隔扇结合的砖木立面	墙体下部为槛墙，上部做槛窗，砖木结合		
	一门两窗的砖墙立面	简约朴实，无外檐木结构难保存		

循运而筑——京杭大运河山东段建筑景观历史文脉保护与传承

054

2）门窗洞形式

本节对于门窗洞形式基因的识别范围是门洞、窗洞的外部轮廓造型，其外部造型是屋脸样式的组成部分，不涉及门窗局部细节的用材、纹样。大运河山东段传统民居的门的形式和屋脸立面有着紧密的联系，经识别可见，屋门的类型主要有板搭门和板门、隔扇门三种。板搭门形式比较统一，是宽 20～30 厘米的长条状拼接而成套板，一套板搭门一般有 8～12 个搭板组成，根据房间长度放置 1～4 套板搭门，而板搭门因为面积较大，往往是上面用竖向短木板作为门洞和屋檐之间的衔接，与板搭门形式统一，美观大方，无特制门洞。隔扇门和板门主要用于宅院民居的屋门，无砖立面的门洞往往无特殊造型，仅用隔扇窗的形式作为门洞和屋檐之间的衔接，有砖立面的门洞则需要建造过梁作为结构支撑，起到分散上方重量、稳定结构的作用，也就形成了别样的门洞基因。有砖立面的门洞因过梁形式的不同而具有不同造型，主要分为木过梁和砖券过梁两大类。

木过梁是在门洞上方架长条形过木，过木长度需大于门洞宽度，起到支撑上部重量防止砖石落下的作用，也有部分房屋使用长条形石块作为支撑，木过梁形式单一，制作并不复杂。

砖券过梁是使用不同砌筑方式的砖来改变受力点、分散压力的一种形式，山东运河传统民居屋脸上常使用的砖券过梁基因形式有平口券过梁和木梳背券过梁两种。平口券过梁基因特点是使用券砖两侧内压形成的直线型过梁，造型接近于木过梁；木梳背券过梁基因特点是券砖以弧形砌筑，两端以斜压的形式和两侧砖墙融为一体，共同形成支撑受力结构，常以花笆砖进行装饰。

窗洞的情况和门洞情况相仿，区别是洞口的大小尺寸，有砖立面的窗洞也需要采用过梁支撑来稳定结构。门窗洞形式基因识别提取见表 4-9。

表 4-9　大运河山东段传统宅院民居门窗洞形式基因提取

大类	基因类型	基因特点	门窗洞形式基因图示	现场局部实例
门洞	木过梁	门洞上方架长条形过木		
	平口券过梁	券砖砌筑成直线型过梁		
硬山式屋顶	木梳背券过梁	弧形砌筑，两端斜压入砖墙		
窗洞	木过梁	窗洞上方架长条形过木	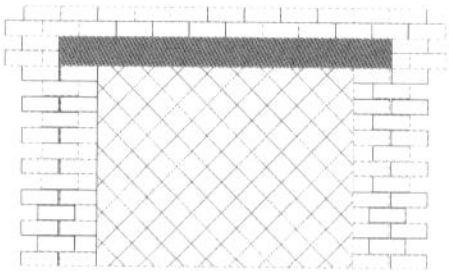	
	平口券过梁	券砖砌筑成直线型过梁	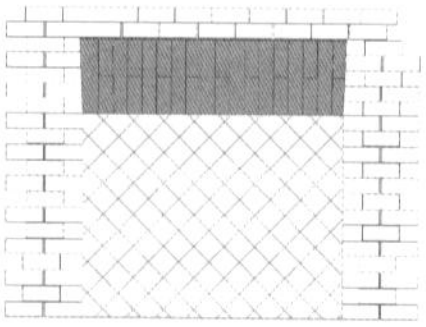	
	木梳背券过梁	弧形砌筑，两端斜压入砖墙	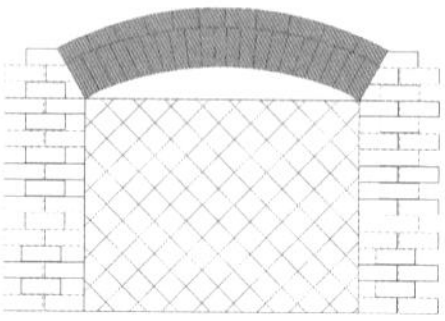	

3）出檐样式

出檐，即建筑屋檐最外端超出梁架的部位。店铺和宅院的出檐有着显著差异，宅院民居出檐较为弱化，而店铺民居的出檐形式因其板搭门的存在显得尤为重要，板搭门面积较大而且常需敞开与外界进行交流互动，所以出檐的存在一方面可以遮挡风雨阳光，另一方面作为独特的装饰符号，使建筑与其外部空间的联系更加紧密，给人舒适自然之感。店铺民居出檐样式的出现体现了运河文化交流对民居建筑的影响机制。囤顶店铺民居出檐有外直角型和弧形两种，硬山顶店铺民居出檐为内直角型，宅院民居属于中国传统建筑的出檐类型，带廊式采用外直角型，两边山墙边檐设有墀头。具体出檐样式基因提取见表 4-10。

表 4-10　大运河山东段传统宅院民居出檐样式基因提取

大类	基因类型	基因特点	正面基因图示	侧面基因图示	现场局部实例
囤顶店铺	外直角型	适用于半开敞门面，单设立柱支撑，出檐范围较小	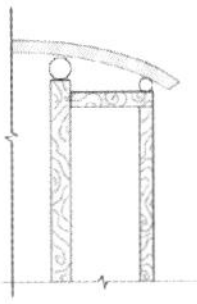	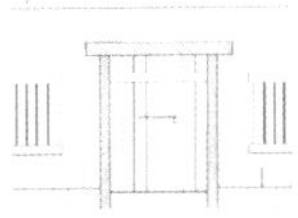	
	弧形	适用于全开敞门面，由弧形支撑木将出檐支撑在立柱上		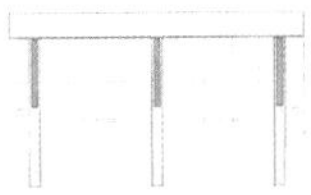	
硬山顶店铺	内直角型	使用原有立柱支撑，大梁出挑	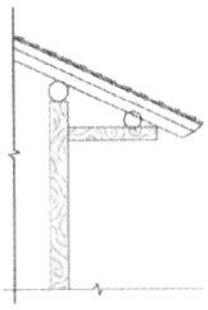	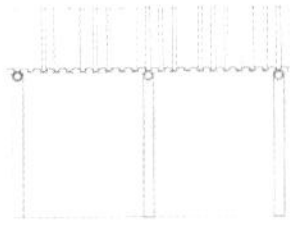	
硬山顶宅院	外直角型	带廊式建筑廊下空间即出檐，山墙边檐使用墀头起到挑檐作用	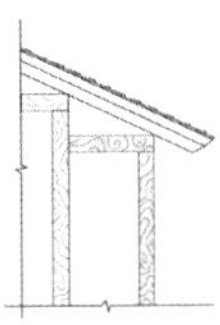	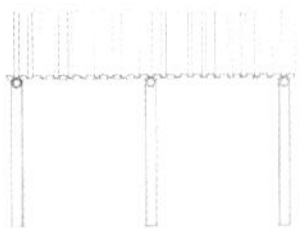	

4.2.4　平面布局

大运河山东段传统民居在明清以来的发展过程中不断受到运河文化的洗礼，相比较其他北方传统民居，形成了独特的适应于大运河经济发展的民居建造思想和形式，例如前店后宅式的店铺民居。但是受中国传统的儒家礼制文化和"天人合一"的传统文化影响依旧颇深，中轴对称、长幼有序、尊卑有别的建造思想仍然反映在山东运河传统民居的院落布局上。庭院式布局仍然是该区域民居院落的主要格局，无论是店铺民居还是宅院民居，虽然功能有所差异，但是总体布局仍以合院的形式为主，根据经济实力的不同，一进院、二进院和三进院均有出现，但普通民居多数选择一进院。采用合院的布局形式符合北方民居的特征，而且合院布局闭门即可远离外界喧嚣，在相对私密的独立空间内赏花栽木、享受淡雅清净，敞门又能够与外界沟通，融入繁杂的社会之中，将道儒两家出世入世的思想在小小的四合院内找到了平衡和满足（赵琳和王辉，2007）。本节就针对店铺民居和宅院民居两种类型分别进行平面院落布局要素基因提取，对民居最具代表性的正房内部平面布局进行基因提取。

1）店铺民居平面布局

店铺民居院落主要可分为商业空间和居住空间两大模块。商业空间临街布局，面向街巷，从事商业经营活动；居住空间在商业空间之后，供经营者及家人生活所用，这种大运河商业文化影响下的民居布局功能分区较为灵活，部分院落在店铺房和居住房之间还设有作坊或仓库。店铺民居发展的成熟模式往往是一进四合院的格局，有正房、耳房、左右厢房以及成为店铺的倒座，左右厢房根据实际需要可以做手工作坊或仓库使用。为保证居住空间的私密安静，往往店铺民居进入后院的通道较为隐蔽且空间较小。其主要有两种形式：一种是在店铺建筑靠近内院一侧设有后门，从店铺穿堂而过；另一种是店铺建筑垂直于街巷一侧辟有尺度狭窄的通道通往内院居住空间。这两种进入后院的模式即界定了两种店铺民居平面布局的主要差别，具体布局基因提取见表4-11。

表 4-11 大运河山东段传统店铺民居平面布局基因提取

基因类型	基因特点	构成要素	平面布局基因图示
铺内开门平面布局	四合院式布局、一进院落、商业空间后侧开门通往内院	倒座、厢房、正房、耳房	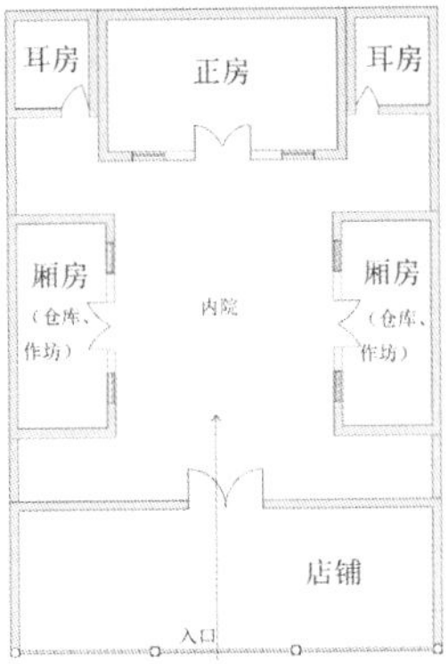
侧面开门平面布局	四合院式布局、一进院落、店铺一侧可通往内院	倒座、厢房、正房、耳房	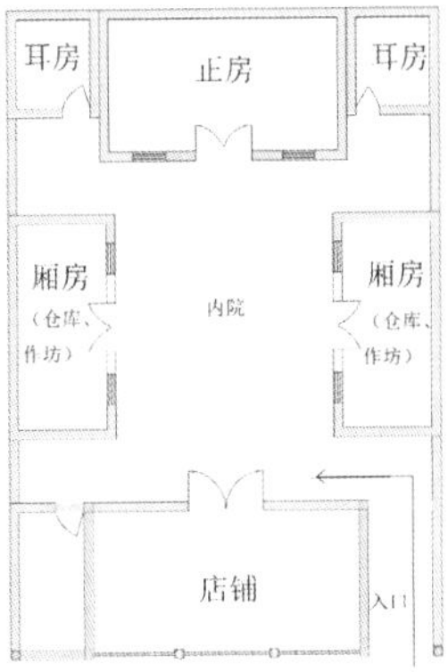

2) 宅院民居平面布局

经济实力较雄厚的商人或管理水运的官员是与大运河关系最为密切的群体，他们所建造的民居在宅院民居中最具代表性，代表了当地建造工艺和建造方式的最高水平，最能体现大运河文化对沿运地域生活质量的影响变化，也是至今能够保留下来的主要民居建筑。但目前保留下来的宅院民居受破坏比较严重，多进院落在时代的洪流中慢慢被多户瓜分，已难以寻得完整的院落。通过寻访现有住户，从现在的修缮整改中所寻得的历史痕迹，加上对保留房屋的识别，仍然能够对宅院民居的平面布局形成大致的认知。宅院民居与北方四合院布局相似度极高，由宅门、倒座、左右厢房、正房、耳房构成，宅门常以门楼的形式出现，总体格局讲究中轴对称，但是受大运河流向的影响，院落布局和空间进深也更灵活多变，有三合院、四合院等形式，不像传统四合院按照封建礼制的约束而建，对大运河山东段传统宅院民居常见的一至多进院落平面布局基因提取见表4-12。

表4-12　山东运河传统宅院民居平面布局基因提取

基因类型	基因特点	构成要素	平面布局基因图示
一进三合院落	中轴对称空间节约一进院落	宅门、左右厢房、正房、耳房	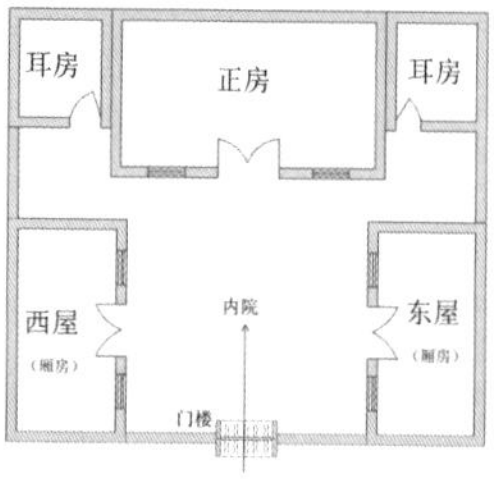
一进四合院落	中轴对称最为普遍一进院落	宅门、倒座、左右厢房、正房、耳房	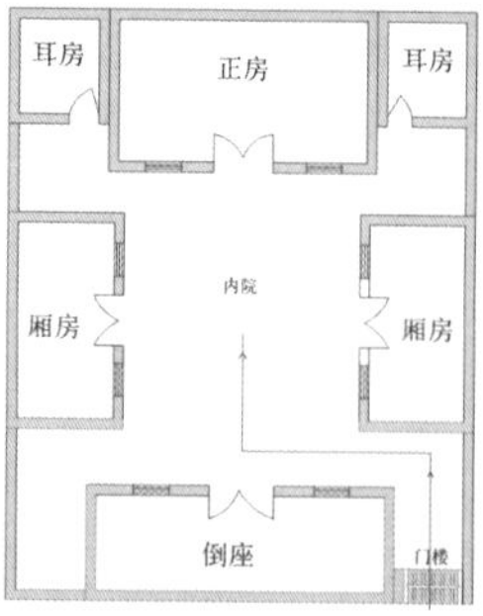
二进院落	中轴对称私密性强格局齐全二进院落	宅门、倒座、左右厢房、穿堂厅正房、耳房	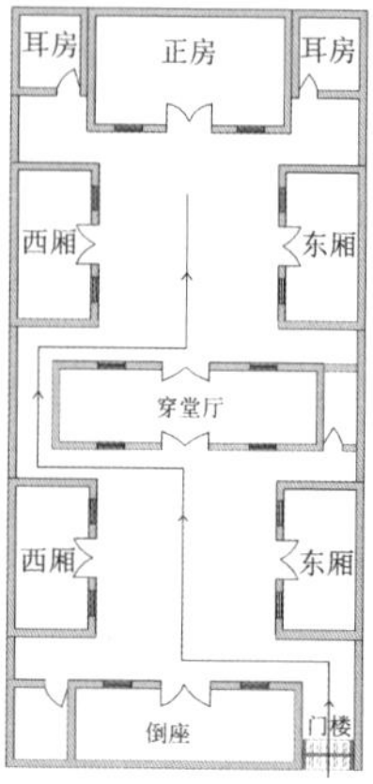

3）民居正房室内空间布局

正房是民居中地位最高的房屋，是院落的核心，往往由家庭中地位最高的人居住，建筑位置布局院落对称轴上，凸显其核心地位。这种宅院布局体现的是传统礼制文化、伦理规范中的长幼尊卑地位关系。在大运河山东流域，正房开间多为三间，常用隔扇分割（图4-14），也被称为"堂屋"或"北屋"①。该区域传统宅院民居三开间房屋中间是明间，主要为起居室，正对屋门常摆放八仙桌，并有供台以供奉先辈（图4-15），两侧则为两个暗间，作为卧室；两开间布局往往是一明一暗布局。对大运河山东段传统宅院民居常见的室内空间布局基因提取见表4-13。

图4-14 隔扇墙（临清中洲）（付昊 摄）

图4-15 明间布局（临清中洲）（付昊 摄）

---

① 李丽明 . 聊城地区传统民居文化研究 [D]. 东北林业大学 ,2012.

表 4-13　大运河山东段传统宅院民居常见室内空间布局基因提取

基因类型	基因特点	平面布局基因图示
三开间	一明两暗，空间划分三段，常用隔扇作为分割	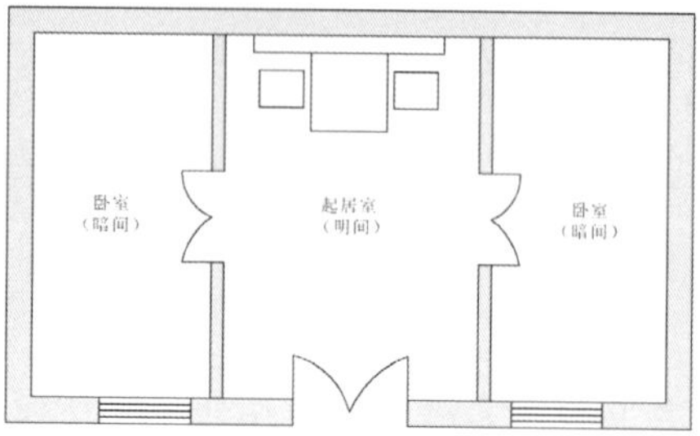 卧室（暗间）　起居室（明间）　卧室（暗间）
两开间	一明一暗，空间划分两段，常用隔扇作为分割	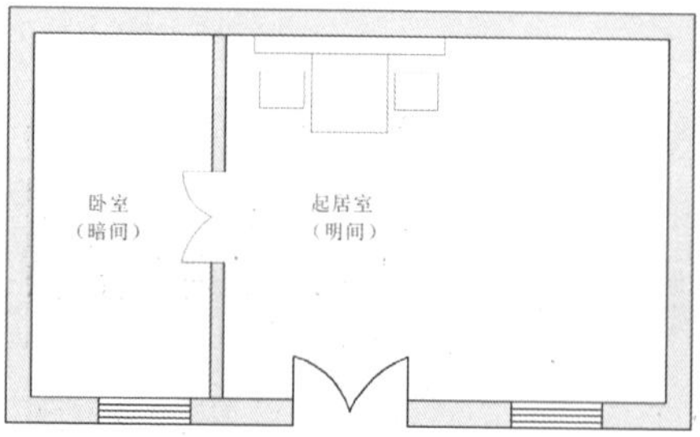 卧室（暗间）　起居室（明间）

4.2.5　局部装饰

民居装饰是建筑发展到一定时期的产物，到了明清时期装饰艺术已经达到一定的高度，建筑细部装饰是艺术与技术相结合的产物。装饰往往在建筑细部能够起到画龙点睛的作用，装饰艺术传承着丰富的文化内涵，是民族文化、地域文化的载体。[①]大运河山东段传统民居具有独特的社会发展环境，南北航运顺畅加强了地域文化的交流碰撞，大运河独特的商业运作模式改变了人们生活方式和生活质量，以及世代尊崇的孔孟儒家文化和面朝黄土背朝天的农耕文化的熏陶，都根深蒂固地影响着该区域民居装饰艺术基因的形成，也可算是运河文化的部分缩影。在多方面因素的综合影

---

① 蓝先琳. 门 [M]. 天津：天津大学出版社，2008.

响下，大运河山东段传统民居形成了砖雕、石雕、木雕的结合，以植物纹样为主，有祈福求祥愿景的局部装饰基因，呈现出风格淳朴、清新自然而又丰富多变的基因特点。本节结合实地调研，从门、窗、屋脊等结构性装饰和花鸟走兽、奇图妙案等雕刻纹样装饰两大模块对大运河山东段传统民居局部装饰的具体基因进行识别和提取。

1) 结构性装饰

（1）门

大运河山东段传统民居无论宅院门还是屋门都是以木材为制作材料。从造型和风格上看，该区域主要有板门、板搭门和隔扇门三种基因类型。板门用途较广，厚实坚固，具有较强的封闭性，既可作为宅院大门也可作房屋门；板搭门应用在店铺民居的商店大门，多用宽20～30厘米的长条形木板横向拼接而成，特点是便于拆卸，可以灵活掌握店铺门户大小；隔扇门是我国特色的组合门类型，结构变化多样，可自由组合搭配，具有轻便灵活、通透巧妙的特点，常用作房屋门和室内隔断门。大运河山东段传统民居中隔扇门在宅院民居使用非常频繁，是重要的细部结构装饰基因，极富装饰性，主要由隔扇心、绦环板、裙板三部分组成，每个部分都具有独特的装饰纹样，具有明显的结构装饰特点。该区域门的结构装饰基因提取见表4-14。

表4-14　大运河山东段传统宅院民居门的结构装饰基因提取

基因类型	基因特点	用途	基因图示	基因特征展示
板门	厚实坚固、封闭性强、用途较广	宅院大门房屋门	板门 门枕石 门槛	

基因类型	基因特点	用途	基因图示	基因特征展示
隔扇门	轻便灵活、通透巧妙	房屋门居室门	隔扇心 绦环板 裙板	
板搭门	便于拆卸、门户大小自由变化	店铺门	板搭门 门槛	

（2）窗

窗与门有共通之处，都是与外界连接的通道，但是因主体功能不同，形态各异。门主要以进出为主，窗以扩大视线、接收光线为主，如同人眼一般是"建筑的眼睛"。[①]窗的使用不仅满足了接收天光的功能需求，更丰富了建筑的整体造型，提升了建筑的文化内涵。山东运河传统民居中的窗多采用木构，在形状上多以方形或者矩形为主。

调研发现，该区域窗的结构装饰基因根据类型可以分为直棂窗、方格窗、隔扇窗和横披窗四种。直棂窗以长形木条排列而成，水平方向可以加入横木条将竖棂固定连接形成更稳定的结构，该类型窗户直接砌筑墙上窗洞；方格窗和直棂窗有相似之处，区别是方格窗为横竖木条搭配穿插形成棋盘式布局，横竖穿插形成的方格是其称谓的由来；隔扇窗又名槛窗，该窗与隔扇门相似，由多扇组合而成，根据尺度下方可放置槛墙，组合形式各异，透光性强，窗扇结构复杂，并配有精美的雕饰，形式纹样复杂多变，具有很高的观赏价值；横披窗主要位于门窗的上方，常用作门窗与屋顶之间使立面更通透，房间采光面积更大，主要起辅助作用。大运河山东段传统民居窗的结构装饰基因提取见表 4-15。

① 蓝先琳. 窗 [M]. 天津：天津大学出版社，2008.

表 4-15　大运河山东段传统宅院民居窗的结构装饰基因提取

基因类型	基因特点	基因图示	基因特征展示
直棂窗	长形木条竖向等距排列		
方格窗	横竖木条棋盘式排列		
隔扇窗	隔扇自由组合，采光面积大		
隔扇窗（有槛墙）	隔扇自由组合，采光面积大		
横披窗	位于门窗上方，使立面更通透，提高采光	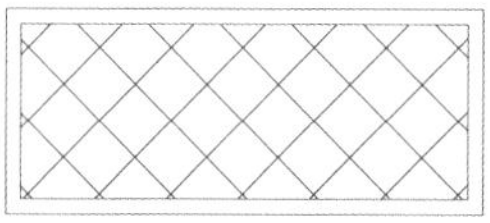	

（3）屋脊

本章在"屋顶造型"一节中对大运河山东段传统硬山式屋顶民居的屋脊类型基因进行过初步识别，确定了常见的四种屋脊类型为花板石脊、空花脊、扁担脊、过垄脊。屋顶正脊作为屋顶最出突出的部位，不同类型屋脊的材料和工艺各有不同，呈现出不同的装饰性，蕴含了独特的地域特征，本节针对结构装饰性最为丰富的空花脊进行局部装饰基因的识别。空花脊是用瓦组合排列形成透空的花样装饰，经识别主要有空花纹、蝴蝶纹、鱼鳞纹、水波纹等结构装饰基因，见表4-16。

表4-16　大运河山东段传统民居空花脊结构装饰基因提取

正脊类型	基因类型	基因图示	基因特征展示
空花脊	空花纹		
	蝴蝶纹		
	鱼鳞纹		
	水波纹		

2）雕刻纹样

传统建筑的魅力不仅在于其结构的独特性，还在于细部装饰所蕴含的丰富精神文化，我国传统建筑在明清时期发展成熟至巅峰，木雕、砖雕、石雕等装饰技艺在民间工匠的传承应用中不断发展，成为我国传统建筑中的闪光点。大运河山东段传统民居建筑雕刻纹样在南北文化交融作用下呈现出"艺术源自生活"的基因特点，使用纹样多是从自然生活之中挖掘而得，以植物为主，表达对美好生活的向往，凸显出山东运河流域热爱生活崇尚自然的生活态度和浓厚的文化品质。本节从木雕、砖雕、石雕三个方面对山东运河传统民居雕刻纹样基因进行识别。

（1）木雕纹样

在大运河山东段传统民居中，木雕往往用于对门户进行装饰，是民居建筑中重要的装饰类型，主要包括门窗隔扇心、绦环板、裙板、雀替和梁头等局部，纹样丰富多变，雕刻造型精美，具有美好的寓意。

门窗隔扇心作为民居建筑窗户的核心部位，在装饰上既需要具备透光性，又要达到美观实用的效果，其装饰纹样主要是以棂条组合成各式各样的几何形锦纹，使用象征的手法，寄托家主的美好期望。山东运河传统民居隔扇心主要有冰裂纹、步步锦、套方纹、龟背锦四种装饰基因。冰裂纹是仿造冰面破裂的纹样，冰纹角度各异、大小不一，自然而有序，具有别样的形式美。冰裂纹原常见于江南园林中，在山东运河传统民居中出现是运河南北文化交融在传统建筑中的表现；步步锦是以横竖棂条垂直交叉构图，纹样常为对称图形，取其"前程似锦""步步高升"的吉祥寓意；龟背锦灵感取自龟背纹样，多以八边造型为基础，形成独特的秩序，在中国传统文化里龟代表着长寿，遂取其"万寿无疆"之意；套方纹是用方形套叠形成的基础纹样，造型简约，常与其他纹样结合使用。大运河山东段传统民居在隔扇心纹样上常使用简单大方的造型象征美好的寓意，具有深厚的文化内涵，具体基因识别情况见表 4-17。

表4-17 大运河山东段传统民居隔扇心纹样基因识别

基因类型	基因特点	基因寓意	基因图示	基因特征展示
冰裂纹	模仿冰面破碎	自然之中，自然而然的豁达之意		
步步锦	横竖垂直交叉	步步高升，前程似锦		
龟背锦	取自龟背纹样	健康长寿，万寿无疆		
套方纹	方形组合	无规矩不成方圆		

　　绦环板为长方形，是位于隔扇心下的横向结构，尺度较小，而裙板位于绦环板下方，往往不适用镂空的形式，是以雕刻的手法进行装饰，题材丰富。在大运河山东段传统民居中，绦环板和裙板的装饰常使用象征意义的纹路或以植物花鸟为题材。雀替和梁头均是建筑梁柱结构的辅助设施，均为木构，雀替位于柱子上部用来共同承担压力，稳定结构，而梁头是横梁外端位于檐下的装饰部位，两者在大运河山东段传统民居中的装饰也常为植物纹样雕刻，多为镂雕的形式，常见花卉、卷草、果实等植物纹样，蕴含自然界的生机活力，体现出了质朴纯真的审美情趣，表达了对生活的美好愿景。部分装饰雕刻纹样基因识别见表4-18。

表 4-18　大运河山东段传统民居部分木雕纹样基因识别

	基因图示		
绦环板			
雀替			
梁头		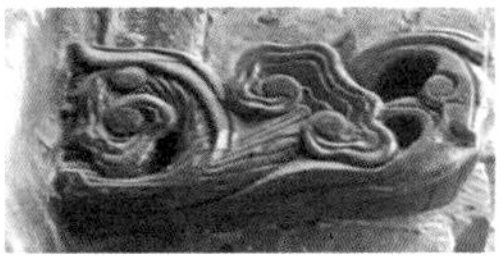	
裙板	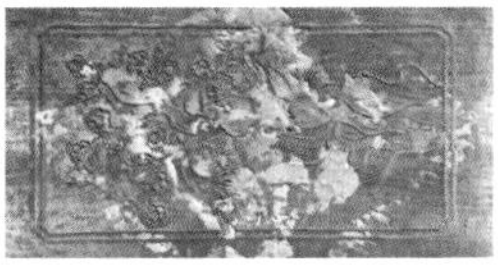	—	—

（2）砖雕纹样

砖雕也是我国传统建筑中独特的装饰工艺，在民居建筑中也占有举足轻重的地位。山东运河流域地形以平原为主，黄河流域带来的原材料，为制砖提供了完美的先决条件，制砖尤以临清地区用于宫廷的"临清贡砖"最为出名，红极一时。运河疏通又为山东运河流域提供了强大的运输能力和文化交流作用，促进了制砖工艺和砖雕技艺的发展融合，地理环境和社会环境的优势造就了大运河山东段传统民居中砖雕工艺的快速发展和普遍应用。

大运河山东段传统民居中的砖雕多是在黏土烧制的青色砖瓦上创作而成，该区域砖雕主要出现在屋顶的瓦当和滴水、屋脊的陡板、墀头的装饰以及博风头砖上，也有一些结构用砖上刻有砖雕纹样，多用作建筑外部装饰。山东运河流域在社会发展的过程中，砖雕技艺不断适应自然和社会的发展，砖雕和木雕内容一脉相承，均是依托自然，多借用植物花卉的吉祥寓意表达美好寄托，如菊花、山茶花、牡丹、荷花等；或是以禽鸟异兽的祥瑞象征起到辟邪、护佑的作用，如喜鹊、仙鹤、蝴蝶、兽面等；也有使用特殊寓意的文字符号做简单装饰，如卍字纹、金钱纹、宗教符号等。

瓦当（勾头）和滴水是屋檐檐口的重要部件，结构上起到防水和排水的作用，在装饰上，勾头滴水是瓦片装饰的重点构件，常使用动植物、象征文字等吉祥寓意的纹样，雕刻方式为浮雕。山东运河传统民居中的瓦当装饰经基因识别可得多为兽面纹样，具有宗教信仰的家庭则有使用宗教文字纹样；滴水基因纹样有植物纹样和文字符号纹样两种基因类型，基因识别见表4-19。

表4-19　山东运河传统民居勾头滴水纹样基因识别

基因图示				
瓦当				
雀替				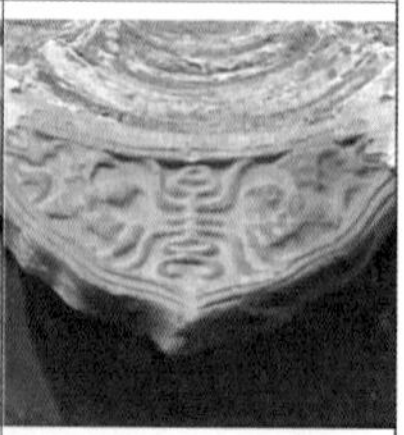
滴水				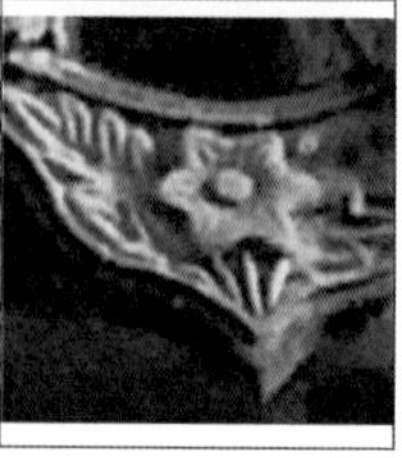

屋脊的陡板装饰主要是指在硬山式屋顶花板石脊的构件陡板上进行砖雕装饰,陡板为矩形,横线排列形成长条形花板石脊的核心部位(图4-16)。因此,该部位的装饰既有统一纹样重复排列形成的秩序基因,也有不同纹样搭配形成组合型秩序基因,题材多为植物花卉和飞禽走兽,尤以莲花纹样为突出。莲花纹样的使用既体现出了对出水芙蓉般濯清涟而不妖的道德情操的追求,水生植物的运用又符合运河流域因水而兴引发的对水文化的敬畏和热爱。

堰头,也叫"腿子",位于山墙侧面屋檐之下,起到对檐口的支撑作用,位置独特如同脖颈一般。堰头主要有上部弧状的戗檐板加上中间的炉口和下面的炉腿组成(图4-17),其中炉口是主要的砖雕构件,大运河山东段传统民居堰头炉口雕刻纹样基因以花鸟走兽为主。

博风是山尖的组成部分,主要是用来遮挡檩条头的部件(图4-18),博风最外缘的第一块头砖是博风砖雕的重点部位,山东运河传统民居博风砖雕基因是以折枝花草纹为主,花果结合。

大运河山东段传统民居部分局部装饰基因识别见表4-20。

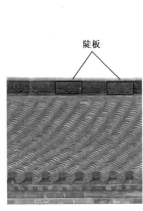

图4-16 陡板(付昊 摄)

图4-17 堰头结构(付昊 摄)

图4-18 博风头砖(付昊 摄)

表4-20 大运河山东段传统民居部分局部装饰纹样基因识别

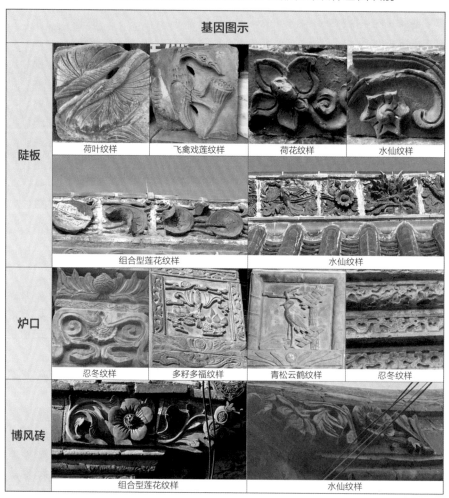

（3）石雕纹样

石雕是在石头上进行雕刻的形式。石头质地坚硬，雕刻费时费力，山东西部地区平原为主，山石材料并不充裕，因此寻常民居石材使用较少，石雕技艺在山东运河传统民居中使用并不频繁，往往仅是在重点部位起点缀作用。山东运河传统民居中石雕基因主要体现在抱鼓石和角柱石处。抱鼓石常用于宅院门两侧，其装饰基因特点主要是上方为圆鼓，下部为方形底座，鼓中心常用正面花心作为装饰，底座表面饰有植物花卉，枝叶并茂；角柱石主要是在墀头的最下方，位于墙角柱角，角柱石面积较大，竖长形的雕刻面上常以绘画式构图，雕有花卉鸟兽等具有美好寓意的题材，保存较好的是临清冀家大院的角柱石雕纹。在大运河山东段传统民居建筑的发展中，部分地区逐渐演变出了将石板放在墙角位置的形式，和最初的角柱石位置发生了较大的变化，但是这种建造方式更具地域性特色，也体现了大运河山东段区域文化大交融带来的建造思想的转变，更加灵活，敢于打破传统建筑的固有范式，适应自然。大运河山东段传统民居石雕纹样基因识别见表4-21。

表4-21 大运河山东段传统民居石雕装饰纹样基因识别

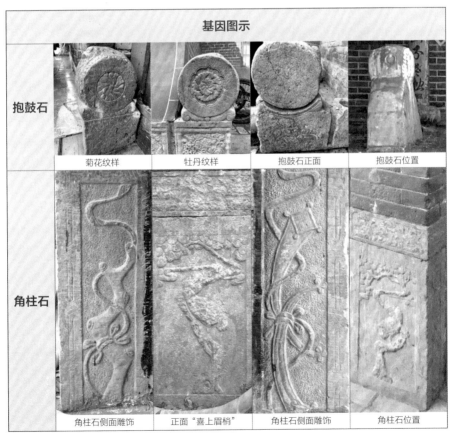

4 大运河山东段传统民居景观基因的识别和提取

基因图示			
抱鼓石			
菊花纹样	牡丹纹样	抱鼓石正面	抱鼓石位置
角柱石			
角柱石侧面雕饰	正面"喜上眉梢"	角柱石侧面雕饰	角柱石位置

4.2.6 建筑用材

"因地制宜、就地取材"是大运河山东段传统民居建筑用材的核心思想。作为平原地区的山东运河流域，泥土资源丰富，以农耕文化为主的种植业发达，具有丰富的植物草秸。运河、自然湖泊等水域为芦苇等植物生长提供了较好的空间，为山东运河流域的建筑材料的制备创作了条件。大运河山东段传统民居建筑的材料基因主要有青色砖瓦、石料、木材、植物秸秆等，充分利用本土材料和自然资源，因地制宜，体现了大运河山东段区域顺应自然的建造文化和淳朴扎实的生活模式。

土壤资源丰富，大运河山东段区域很多成本较低的民居建筑以黄土作为墙体制作的主要材料，重点部位使用青砖加固，如门窗边、墙角、墙边等位置，这种墙体制作方式被称为"金镶玉"。黏土为砖瓦制作提供了充足的原材料，砖和瓦也就成为民居建筑制作的重点材料，在地面、墙体、屋顶等位置应用广泛，常见的建筑用砖有方砖、笆砖、板瓦、筒瓦等。

平原地区的山石资源不及黏土资源丰富，因此，大运河山东段传统民居中对石材的使用主要是放在重要部位或对材料质地要求较高的位置，除宅院门前的抱鼓石和墀头下墙角的角柱石之外，部分地区墙面的转角处和两侧山墙也会穿插使用少量青石板来稳定结构，建筑地基也会使用石材起底作为墙体的坚固支撑，宅院内规格较高的建筑也常使用石板铺地或铺设台阶。

大运河山东段传统民居是木结构梁架建筑，因此木材的使用也十分频繁，粗壮结实耐腐蚀的圆木常用以做屋顶承重梁架和房屋立柱，门窗等装饰和功能兼具的部位也多以木材为制作材料。植物秸秆也是大运河山东段传统民居中较常出现的材料。一方面，植物秸秆可以作为填充材料，和黏土共同成为土坯墙体用料，也可与石灰渣土等混合经一定的工序后作为可防水的表面材质，如囤顶民居的屋顶防水材料；另一方面，部分植物秸秆质地坚硬，具有耐腐易保存的特性，如芦苇秆常经编织后用来放在屋顶椽木上作为苇箔层，俗称"苇笆"，和笆砖遮顶的作用相似，用以遮挡住房顶其他结构层。

4.3　本章小结

　　民居建筑作为城镇的主体结构因子，是传统聚落的重要组成部分，本章从景观基因理论角度为出发点，以大运河山东段传统民居为识别主体，对其景观基因进行了识别和提取。首先从理论的层面分析了适合对大运河山东段传统民居景观基因进行识别提取的原则和方法，在确定民居景观基因的四个原则下，运用景观特征解构法，对大运河传统民居的建筑、文化、环境、布局进行综合分析，经过实地调研和资料查找分析，最终从民居的屋顶造型、山墙形式、屋脸样式、平面形态、局部装饰、建筑用材六大基因识别要素进行了详尽的分析，使用特征解构提取法将元素、图案、结构、含义四种提取方式综合使用，完成了大运河山东段传统民居景观基因的识别和提取，也是对景观基因理论在大运河山东段传统民居研究中应用的可行性论证。

　　大运河山东段传统民居景观基因识别和提取情况如下：在建筑和布局方面，大运河山东段传统民居主要有店铺民居和宅院民居两种民居样式，产生了硬山式屋顶和囤顶屋顶两种屋顶基因类型，其中硬山式屋顶在屋脊制作上有花板石脊、空花脊、扁担脊、过垄脊四种基因类型，瓦片排布常使用干搓瓦、合瓦、筒瓦三种形式，是抬梁式梁架结构，山墙则使用人字形尖山式或人字形圆山式山尖，披水排山式垂脊，博风有砖和板两种形式，而囤顶民居结构比较简单，具有无瓜柱弯梁和有瓜柱直梁两种屋顶结构基因；店铺民居常使用开敞或半开敞的屋脸形态，宅院民居则更符合北方传统民居的基本形态，门窗洞样式主要有木过梁和砖券过梁两种基因大类，其中砖券过梁常使用平口券过梁和木梳背券过梁两种做法；建筑装饰常常是以植物花鸟、飞禽异兽作为装饰纹样，以木雕、砖雕、石雕的形式重点出现在门窗、勾头滴水、陡板墀头等部件上，各有不同的装饰基因，门窗等结构装饰也类型各异，均进行了详细的识别。建筑用材因地制宜，以砖、木、土为主，植物秸秆和石材为辅，体现了劳动人民的智慧；民居布局以传统的四合院庭院布局为主，讲究中轴对称、长幼有序、尊卑有别，但又灵活变化，不会死板地遵循固定范式。建筑的结构和布局是大运河山东段传统民居深厚文化的表象，是文化和环境的综合推动的结果，背后蕴含着丰富的文化内涵。在文化和环境方面，大运河山东段传统民居具有数千年来勤恳务实的农耕文化和中国传统的儒家礼制文化根基，受运河漕运功能的影响，南北文化交融，兼容并蓄，形成了独特的历史文化基因，既有北方的端庄沉稳，又有南方的温文儒雅，在民居的基因识别中便有较多体现，深具运河文化特色。大运河山东段传统民居自然环境上依托运河资源和平原地形的材料资源逐步发展，社会环境上运河漕运的文化交流和生活生产模式的转变对其民居建造的形式包括装饰纹样等起到了交融提升的作用（图4-19）。

综合来看，大运河山东段传统民居无论是单体建筑还是院落形态，均符合北方传统民居的基本形态，是一种基于本土原始文化景观基因并与其他地域文化融合发展的运河特色文化景观基因综合体，既符合中国传统民居典型的围合型、方正形、中轴性基因原型，又受其他地域文化的优势基因影响，显现出基因多样性的优势特征。

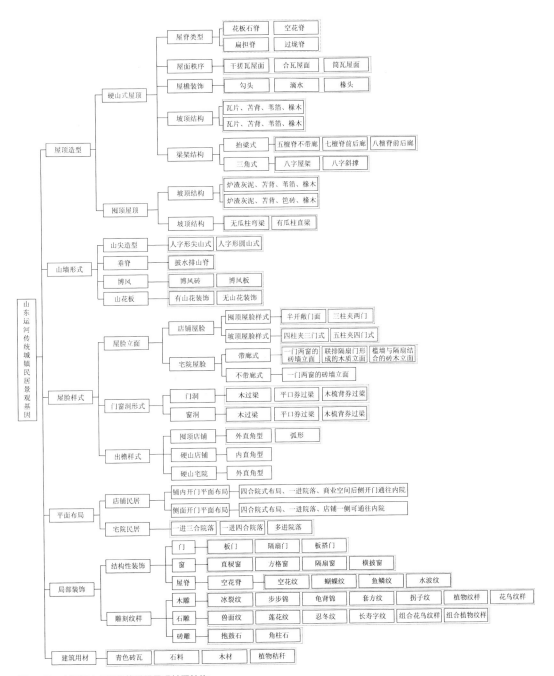

图 4-19 大运河山东段传统民居景观基因结构

5 大运河山东段传统城镇景观基因"胞—链—形"的图示表达

5.1 "胞—链—形"图示表达

图示表达是指用图形元素来示意某项事物，以图形语言对事物进行解释说明。图示表达与文字表达相比，具有直观、形象的特点，是一种便捷有效的表达方式，有利于快速了解事物特征，提高记忆效率。在表达形式上，可以通过位置变化、色彩变化、形状变化、大小变化等形成不同的符号形象对事物进行直观有效的表达，图示类型既可以是具象的、意向的、象形的，也可以是立体的、平面的，甚至是真实的影像符号表达（图5-1）。

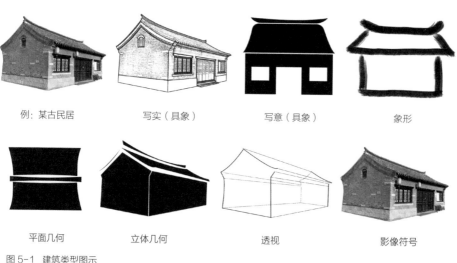

例：某古民居　　　写实（具象）　　　写意（具象）　　　象形

平面几何　　　立体几何　　　透视　　　影像符号

图5-1 建筑类型图示

"胞—链—形"结构分析是受生物学的启发提出的结构层次分析方法。在生物学中，基因是遗传的基本单位，是性状背后蕴含的科学逻辑，基因决定并控制了生物性状的体现，存在于细胞之中。刘沛林等（2011）提出可以将传统城镇的景观结构分为景观基因胞、景观基因链、景观基因形三个层次。前文对于大运河山东段传统民居的研究即可以看作是对大运河山东段传统城镇的某一景观基因胞的基因识别。民居是传统聚落的构成主体，民居的布局形式也是构成城镇基因形的重要影响因子。因此，对于大运河山东段传统民居的研究既要对民居单体进行细致的分析，又要从民居排布规律形成街道走向，进而构成了城镇的整体基因形这一以小见大、逐渐深入的层次格局，以此来建立对大运河山东段传统民居及所在传统城镇的全面认识。"胞—链—形"的图示表达方式可以直观便捷地完成此项层次分析，厘清大运河山东段古镇景观基因的基本结构及其发展格局和分布规律，为大运河山东段古镇文化景观基因的传承创新提供理论支撑。

5.2　大运河山东段传统城镇景观基因胞

生物体的存在离不开细胞，即使是体量最小的微生物中至少也有一个细胞存在，高等动植物更是由分工不同的多细胞构成，细胞即生物体的基本构成单位，越是高级复杂的生物其细胞种类也越丰富。以民居为主体的建筑元素是城镇形成的基础，也是传统城镇的景观基因胞。它是城镇中相对稳定的基本结构单元，在城镇发展的过程中能够以基本稳定的状态发展传承，具有城镇的历史文化记忆，即蕴含着独特的文化景观基因。

5.2.1　大运河山东段传统城镇景观基因胞的类型

从传统城镇的宏观角度来看，一个完整的传统城镇其景观基因胞的种类是丰富多样的，民居只是其中一个数量庞大的重要类别，其他还有能够祭祀崇拜的宗祠寺庙建筑、起到治理监管作用的官署建筑等，都是位于传统城镇景观基因胞的层次，各种功能、性质不同的基因胞共同形成了特色鲜明的传统城镇。前文对山东运河传统民居这一景观基因胞进行了细致的分析，大运河山东段传统古镇的景观基因胞除了民居以外，还可以大致分为商业会馆类、交通枢纽类、宗教寺庙类、教育纪念类、官驿衙署类等类型（表5-1）。

表 5-1 大运河山东段传统城镇景观基因胞举例及图示

大类	传统城镇景观基因胞举例及图示	
商业会馆类	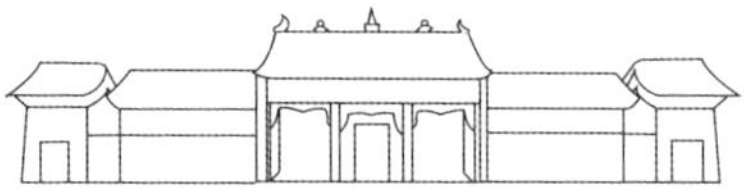 台儿庄山西会馆	 台儿庄福建会馆
交通枢纽类	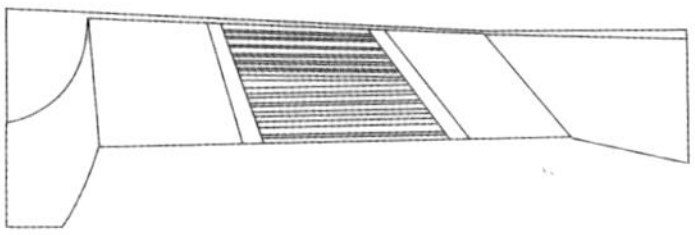 七级古渡	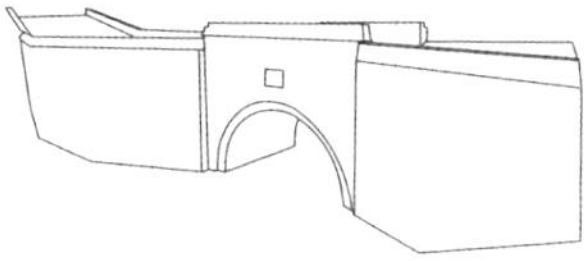 临清月径桥
宗教寺庙类	 临清清真北寺	 张秋清真寺
教育纪念类	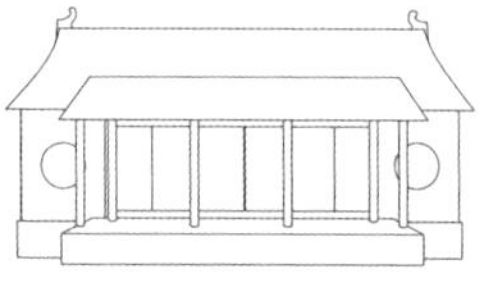 临清鳌头矶	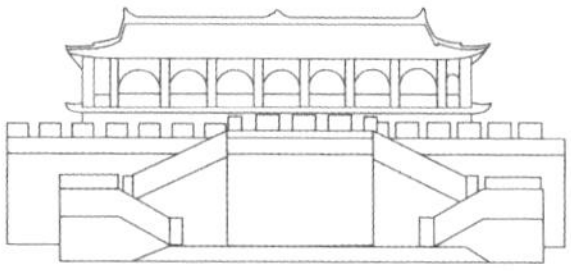 济宁太白楼
官驿衙署类	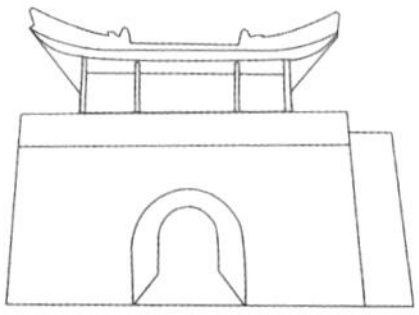 临清县治阁楼	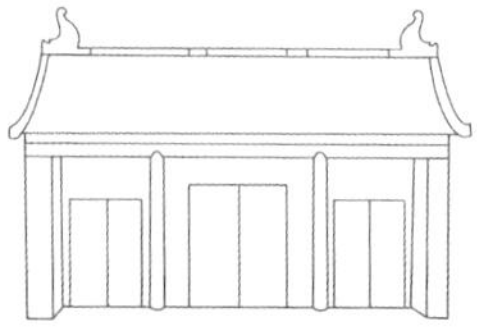 济宁河道总督衙门
民居商铺类	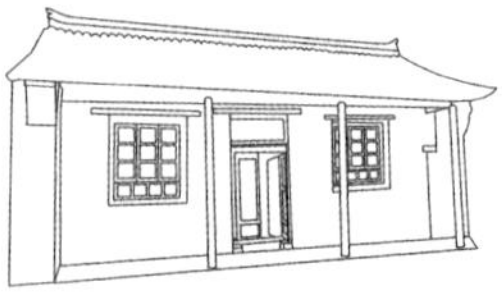 东昌府民居	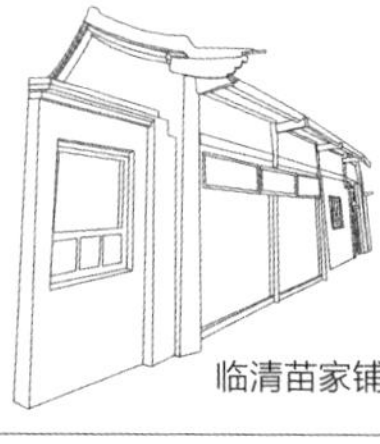 临清苗家铺子

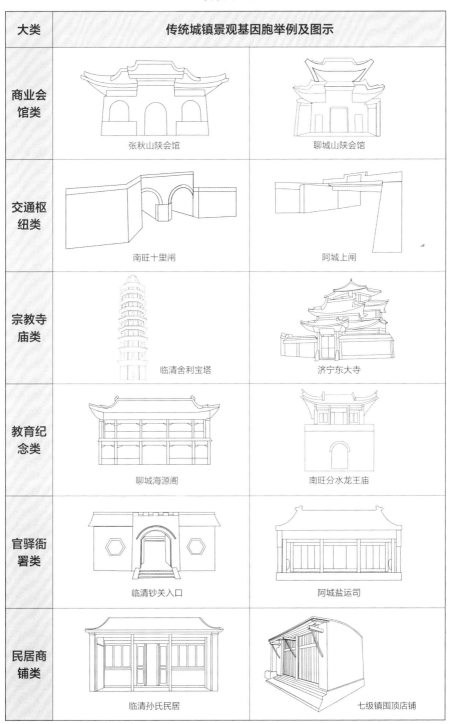

大类	传统城镇景观基因胞举例及图示	
商业会馆类	张秋山陕会馆	聊城山陕会馆
交通枢纽类	南旺十里闸	阿城上闸
宗教寺庙类	临清舍利宝塔	济宁东大寺
教育纪念类	聊城海源阁	南旺分水龙王庙
官驿衙署类	临清钞关入口	阿城盐运司
民居商铺类	临清孙氏民居	七级镇囤顶店铺

运河贸易发展吸引了众多外地商人、商帮涌入，商业会馆类主要是指这些团体联合建造的可供聚会、议事的场所。会馆建筑因多是外商投资建设，对于山东来说往往具有浓郁的异域特色，徽派建筑、山西建筑等众多建筑风格云集，是运河商业繁荣的重要成果，也是运河文化交融的重要体现，主要包括山陕会馆、安徽会馆、福建会馆、山西会馆、江南会馆、武林会馆等。

交通枢纽类建筑主要是指分布在运河河道及周边的水利服务设施，对运河航道起到保护和改善作用或能够完善丰富运河交通功能的建筑设施，主要包括运河码头、运河闸口以及分水设施等。

教育纪念类建筑是以具有教育功能或为纪念名人大家、特殊事物为主的建筑，如位于聊城的著名藏书楼海源阁、任城区纪念诗人李白的太白楼、位于鲁桥镇古运河西岸的仲子庙、临清运河边如鳌头般的纪念性建筑鳌头矶等。

宗教寺庙类是存在于大运河山东段区域用以进行宗教活动的场所或供人们寄托美好信念、信仰的建筑。大运河山东段区域宗教寺庙类建筑数量众多，世界三大宗教信仰与民间本土信仰并存，多建庙宇以供奉。伊斯兰教建筑清真寺和佛教建筑遍布运河各大城镇，如济宁东大寺、临清清真北寺、临清清真东寺、台儿庄清真寺、聊城隆兴寺铁塔、临清舍利宝塔等；运河漕运之神、关帝等民间信仰崇拜也在运河流域颇为盛行，如南旺镇分水龙王庙、聊城关帝庙等。

官驿衙署类建筑主要指大运河山东段区域的漕运管理部门建筑或政治官衙驻地等官方建筑，如负责漕运税收的运河八大钞关之首临清钞关、位于济宁的明清时期管理运河最高机构河道总督衙署、管理盐商负责盐运的阿城盐运司以及临清县治阁楼等官式建筑。

5.2.2 大运河山东段传统城镇景观基因胞的特点分析

大运河山东段传统城镇的兴衰发展和运河航运能力有着密不可分的关联，作为古城镇主要构成结构的众多景观基因胞在传承发展过程中也自然和运河息息相关。非常典型的特点是，景观基因胞的类型受运河经济社会文化的影响深远，商业会馆类建筑集中在明清时期大量出现是建立在运河通航带来的强大经济效益影响之下的，山陕商人、江浙商人大量汇集在山东运河沿岸城镇，对当地的经济社会发展和城镇建筑形态的发展起到了重要的推动作用，带动了各区域文化在大运河山东段区域的交流融合，进而促进了运河文化特色的形成和壮大。交通枢纽类建筑和官驿衙署类建筑带有显著的运河地域特色，河道总督衙署古称"清代总督河道院部"，是为治理河务、管理漕运而首创的非常设机构，官职最高可至从一品，其机构遗址建筑是运河流域独有的景观基因胞，见证了运河的历史重要性。其他如运河钞关和各处闸口等功能性建筑的出现也均是运河航运功能的滋生品，是维护运河流域稳定发展的基石，这些独特的景观基因胞的存在正是运河流域社会变迁的支撑点和着力点，运河流域社会也正因为功能各异的景观基因胞之间相互联系作用而不断发展。

5.3 大运河山东段传统城镇景观基因链

大运河山东段传统城镇中景观基因胞与胞之间在功能和环境的影响下紧密结合，依托运河发展壮大，胞与胞之间有规律的围合形成的空间形态便是传统城镇中的另一景观结构层次——景观基因链，它是满足人们行走需求和运输功能的交通系统。"匠人营国，方九里，旁三门；国中九经九纬，经涂九轨；左祖右社，面朝后市"[1]体现的便是我国传统的规则等级式交通布局，我国北方城镇多呈现该模式（图5-2）；"因天材，就地利，故城郭不必中规矩，道路不必中准绳"[2]体现的则是我国传统交通营建模式中顺应自然、天人合一的营造模式，多见于我国江南地区（图5-3）。可见我国传统的交通布局既有按图索骥的规则式，又有因地制宜的自然式布局。

[1]《周礼·冬官考工记》。
[2]《管子·乘马》。

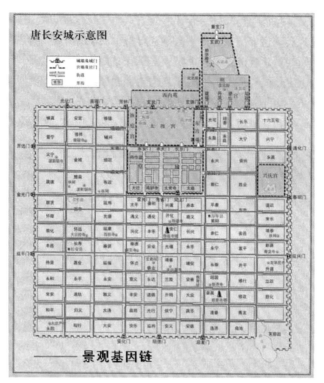

图 5-2　唐长安城景观基因链

（图片来源：http://www.silkroads.org.cn/portal.php?mod=view&aid=25325 参考修改）

清同治年间　上海县城图

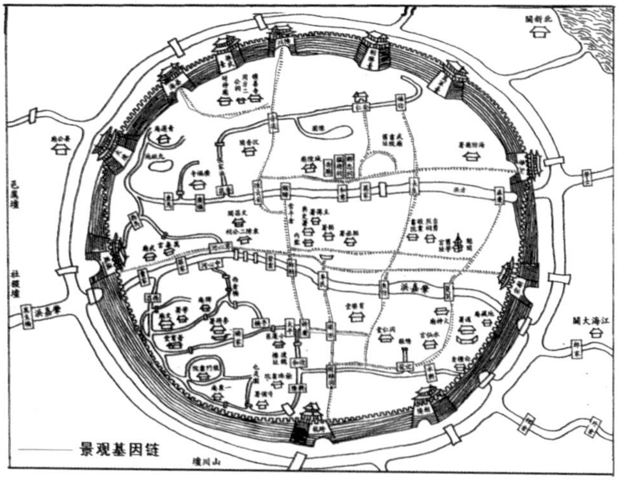

图 5-3　清同治年间上海县域景观基因链

（图片来源：https://www.ageeye.cn/map/28487 参考修改）

5.3.1 大运河山东段传统城镇景观基因链的类型

大运河山东段传统城镇因运而兴的特殊发展模式奠定了水路在城镇交通的核心地位，陆路交通又是周边地域与大运河交互的媒介，两者具有相辅相成、互为补充的相生关系，共同形成了大运河山东段传统城镇独特的景观基因链结构层次（表5-2）。

大运河山东段传统城镇中街道布局受河道地形和经济发展的双重影响，和大运河关系密切，形成依河道自由布局的整体形态。大运河城镇各类交通线路主次分明，形成了丰富的道路交通网络，从景观基因链的角度可以大体分为丰字形、井字形、鱼骨状、棋盘式四种布局模式。丰字形布局常用于长条形区域道路系统中，是一种以平行于运河的主街为长轴向两侧延伸的布局形式，以临清中洲为典型代表。井字形布局是一种较为简单的布局结构，形成的道路系统简单有效，适用于小规模的城镇交通系统，如聊城东昌府区的米市街区域主要街巷便是此布局结构。鱼骨状布局主要是以沿运河线性布局为主要交通线路，两侧巷道鱼骨状分布，典型代表为微山县南阳古镇。棋盘式布局相对较为规整，街巷林立，相互穿插，如同棋盘，阳谷县张秋镇和拥有"六纵、八横、十四巷"的七级古镇便是该种布局形态。

表 5-2 大运河山东段传统城镇景观基因链类型

地区	临清中洲	米市街区	南阳古镇	七级古镇
图示				
类型	丰字形	井字形	鱼骨状	棋盘式

5.3.2 大运河山东段传统城镇景观基因链的特点分析

大运河山东段传统城镇在地理位置上位于我国北方地区，其景观基因链结构特点和北方常见的规则型交通网络相比有着典型的大运河特征，呈现出自然式和规则式融合的区域特色，即主体街道的走向往往不是正南正北，而是呈现出沿大运河形态自由发展的特点，反映出大运河山东段传统城镇与典型的中央对称布局的北方城镇道路系统的区别，附属街巷仍受规则对称的布局观影响呈现出向规则式布局靠拢的特点，这种非提前规划的建造模式，是服务于大运河流域商业发展而自发形成的。

街巷的形成注重水路交通的交互，主要街道往往与大运河平行或垂直布局，是作为连接城门、码头的重要交通线，兼具商贸和运输功能；次街道常为商业经营的主要区域，是传统城镇完成物质交换的主要通道；主次街道之间往往存在众多巷道自由相交，巷道多为前往民居大院的道路。这种"沿河成街、傍水成市"[①]的典型特点体现了景观基因胞、景观基因链和运河河道三者的紧密关系，鳞次栉比的街巷布局紧凑，自发的密集型建设格局满足了运河流域繁荣的商业需求，渐渐出现了同一类商品在某一固定街巷聚集并将该街巷名称以货品或手工业类别来命名的情况，如竹竿巷、箍桶巷、纸马巷、柴市街、糖市街、盐店街、米市、马市、布市等，同行业集中分布，行业划分明显，这便是商业发展出现的早期集聚效应。大运河商贸集聚效应产生的向心力促进了大运河传统城镇的快速形成和发展，也为城镇发展转运、转销的贸易提供了便利。

---

① 王婧 . 遗产廊道视角下京杭运河沿线古镇的旅游发展探究——以宿迁段皂河镇为例 [D]. 西安建筑科技大学，2015.

5.4　大运河山东段传统城镇景观基因形

　　形态，指事物存在的样貌，或在一定条件下的表现形式[①]。"万物有形皆有著"[②]，自古以来城镇的发展离不开城墙，其根本是完成抵御外敌和内部统治的手段和媒介，而城墙的存在也对城镇的边界做出了界定和标识，围合区域形成的几何形状正是城镇的基本形态。我国传统城镇的形态和交通线路规划相似，既有提前规划布局形成的规整几何形，也有随地势地形自发形成的自然形。任何一个城镇都有其固有的基本形，这种以城镇整体形态作为认知层面的结构层次可以称为城镇的景观基因形。大运河不仅是南北经济的大动脉，更是沿线城镇发展的命脉，大运河传统城镇的发展离不开运河，究竟大运河与沿线城镇之间有怎样的作用关系，可以从对其景观基因形的把握中建立更为全面的认知。

5.4.1　大运河山东段传统城镇景观基因形的类别

　　大运河山东段传统城镇多是因运河而生、因运河而兴，从城镇景观基因链紧密结合大运河走向布局即可看出，大运河城镇的景观基因形必然和运河有着不可分割的作用关系。因此，对于该区域景观基因形的分析是建立在把握城镇几何基本形的基础上，重点探讨城镇形态和运河之间的空间关系。大运河山东段传统城镇和运河空间关系共同构成的景观基因形可以总结为以下几种基本形态：

1）运河环绕形

　　多条大运河分支形成包围之势，合抱区域具有天然的区位优势，成为商贸发展的核心区域。该类型的典型代表是临清中洲古城，地处元代运河、

---

① 百度百科：https://baike.baidu.com/item/%E5%BD%A2%E6%80%81/10967692?
fr=aladdin.

② 〔唐〕皎然《白云歌寄陆中丞使君长源》。

明代运河、卫运河包围形成的三角形区域，典型的因运河成市（图5-4）。

2）穿镇而过形

运河河道从城镇中穿行而过，将城镇分割，两岸区域沿着运河发展壮大，形成一定的规模。该类型的典型代表是台儿庄古镇和七级古镇，台儿庄被运河分割为南北两个区域，七级古镇被运河分割为东西两个部分，该景观基因形是被分割的形态（图5-5）。

图5-4 中洲古城（付昊 绘）

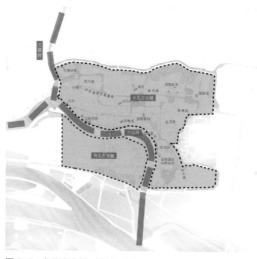

图5-5 台儿庄古城（付昊 绘）

3）切镇而过形

大运河位于城镇一侧，从城镇边缘而过，但不入城。该类型主要是基于大型城镇与运河的交互关系而建，城镇往往早于运河贯通之前便已存在且初具一定的规模，大运河主要起到促进经济发展的作用。典型代表如聊城东昌府，大运河途经此处临近东昌府城区边缘，并且在城墙外临近运河的区域自发形成了自然形态的商贸区（图5-6）。

4）湖心岛形

大运河与周边水系连成水网，贯穿城镇全域，形成湖泊环抱、水流入境的湖心岛式城镇。该类型典型代表是大运河"四大名镇"之一的南阳古镇，古镇位于南四湖区的一块湖中高地，运河和湖水不分彼此，形成了独特的水上人家景观，区位优势显著（图5-7）。

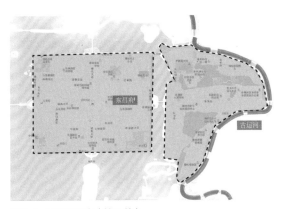

图5-6 聊城东昌府（付昊 绘）

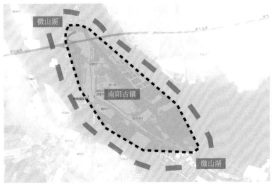

图5-7 南阳古镇（付昊 绘）

5.4.2　山东运河传统城镇景观基因形的特点分析

围绕大运河、依靠大运河是大运河山东段传统城镇形成或发展的核心，这种固定的互动模式决定了大运河山东段传统城镇的基本形态，其景观基因形的梳理也不同于其他区域只看外形的单一描述方式，从运河走向看城镇形态，从城镇形态和大运河的结合模式了解大运河和城镇的作用关系。

依靠大运河而壮大规模的城镇基因形体现出以大运河走向为核心形成城镇的基本形态，运河环绕形和切镇而过形城镇在形态上体现出明显的随大运河因地制宜发展的形态格局，大运河与城镇之间体现出互为衬托、相互补充的形态特征，共同构成了完整的景观基因形。大运河新兴城市随大运河而自发形成规模，形成了自然式的景观基因形。大运河切城镇边缘而不入形，多是已经初具规模的城镇，城镇形态和大运河之间没有直接的关系，多为相对规则式的布局，但是城镇和大运河之间的链接区域多发展为自然式的商业区，综合来看，这种城镇则是两种景观基因原形集成融合而来的综合基因形。

5.5　本章小结

本章将大运河山东段传统城镇的景观基因分解为"胞—链—形"三个结构层次，从以民居为元素之一的景观基因胞的层次逐步深入，把握由胞成链、由链成形的大运河城镇三级发展模式，从微观和宏观两个角度建立了对大运河山东段传统城镇景观基因更全面的认识，并以图示的表达方式直观地体现出来。本章将大运河山东段传统城镇景观基因胞按照功能、性质的区别划分为民居店铺类、商业会馆类、交通枢纽类、宗教寺庙类、教育纪念类、官驿衙署类六大类型，以图示的形式对典型的基本单元进行了展示；景观基因链在布局上协调商贸和运输功能，分工明确，已初显商业的集聚效应，街道走向呈现出沿运河形态自由发展的特点，自然中蕴含规范，体现出南北文化交融对街道布局的影响，链的类型可以概括为丰字形、井字形、鱼骨状、棋盘式四种布局模式；大运河山东段传统城镇景观基因形受运河影响，形态和运河关系密切，可以归纳为运河环绕形、穿镇而过形、切镇而过形、湖心岛形四类。"胞—链—形"的图示表达揭示了大运河传统城镇结构清晰、形态完整的景观基因结构，有助于加深对大运河山东段传统城镇形成逻辑和发展模式的进一步认知（图5-8）。

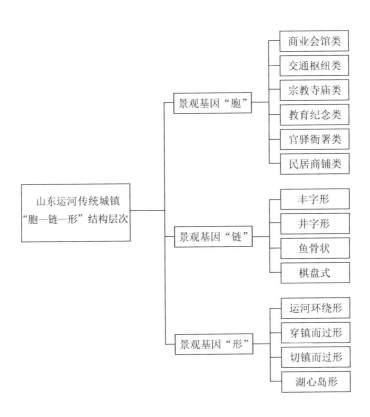

图 5-8 山东运河传统城镇景观基因"胞—链—形"结构层次

6 大运河传统城镇保护开发策略研究
——基于景观基因链理论

6.1 解读景观基因链理论

6.1.1 景观基因链理论的宗旨

    景观基因链，顾名思义是以景观基因为纽带而形成的特定紧密关系，是解决规划中如何将历史文化信息完整挖掘和展示的方法论体系。基因，即信息的一种载体，因此该理论也可称为景观信息链（刘沛林，2008）。景观基因链理论的宗旨是通过对规划目标景观基因的挖掘和提取，将蕴含地域特色的历史文化信息进行准确的识别，这些历史文化信息再经过一定范式的组合和营建，达到历史文化景观再现的效果，这种以景观基因为基础单元的规划模式在凸显文化特色、增强地域认知和保持活态传承等方面能够起到独特的作用。

6.1.2 景观基因链的核心要素

    景观基因链理论的核心三要素是景观基因元、景观基因点和景观基因廊道[①]。元、点、廊道三要素之间存在着明显的传承递进关系，即不同的景观基因元构成了景观基因点，不同的景观基因点组合形成了景观基因廊道。

    景观基因元是景观信息链理论中最基础核心的单元，也可以叫景观信息元，是附着文化信息的景观元素，具有文化识别特性的历史记忆，是一个传统聚落不同于其他地区的内在逻辑，是传统聚落中能够世代传承的根本，对传统聚落文化景观的形成起到决定性作用。景观基因元在传统聚落

---

① 刘沛林 ."景观信息链"理论及其在文化旅游地规划中的运用[J].经济地理 .2008(06):28.

中处于景观基因层面，往往依附在不同的文化景观上，需要深入识别和提取才能明确，在传统城镇规划中找到蕴含的景观基因元也就找到了城镇的"灵魂"，是进行规划设计的关键。不同聚落的景观基因元有着不同的特点，通过景观基因元能够强化区域特色，凸显区域个性。例如，军事型古镇的景观基因元多是体现在城墙、瞭望台、鼓楼、护城河等军事元素上，商业型古镇多体现在钱庄、茶楼、店铺等商业元素中。

景观基因点是景观基因元的具体物化表达，是一种从抽象到具体或者从隐性到显性的过程，它是景观基因元的体现途径，可以是具体的场地或具体的事物。例如，军事型古镇景观基因元的表达需要依托具体的军事场地、设施或建筑，这时的某某训练场、某某城墙、某某鼓楼就是该军事古镇具体的景观基因点；商业型古镇的景观基因点就可以通过具体某某茶馆、某某镖局、某某商铺、某某街巷等标志性节点来表达，均是蕴含景观基因元的具体物象，也是景观基因元的集合体。

景观基因廊道是通过一定的规律将景观基因元形成的景观基因点进行空间上的排列组合，是将同源文化信息紧密连接、集中表达的一种特殊途径，能够显著提高某一类文化信息的识别度，可以简单地理解为真实存在的游览路线，能够为游览者提供最大化的文化感受。例如，刘沛林（2008）将湖南王村古镇的某一景观基因廊道定为"古石板街入口码头→古石板街→溪州铜柱专题博物馆→观音阁建筑楼群→荷花广场→迎宾柱"。廊道将蕴含商贸文化景观基因元的景观基因点搭配形成一条凸显浓郁商贾文化的展示廊道，使得游览路线特色更加显著，标志性更加强烈，更易于让游览者感受该古镇的商业文化。

6.1.3　景观基因链理论的表达路径

景观基因链理论的实质是以一种链条式的纽带关系将景观基因的元、点、廊道进行组合，将富有地方特色的历史文化信息通过基因点和基因廊道展示出来。实现景观基因链的作用，一方面，应该注意深入挖掘历史文化信息和历史文脉，准确把握其景观基因元，有效、准确地识别景观基因，以此为基础完成对文化景观元素高标准提取，守住历史文化聚落的"精气神"；另一方面，在景观点和景观廊道这些文化景观具体载体的定位上，要明确文化内涵，找准需要展现的历史文化主线，合理优化资源配置，把握单体景观点和整体景观廊道之间的节奏和韵律，实现历史文化信息的高度凝练和再现（图6-1）。

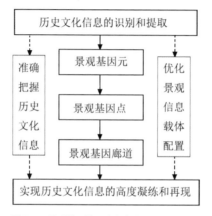

图6-1 景观基因链理论表达路径图示

6.1.4 景观基因链理论在山东运河传统城镇的应用价值

1）景观基因链理论符合大运河山东段传统城镇发展的内在需求

大运河山东段传统城镇在历史成因上得益于运河全面贯通迎来的快速发展机遇，是大运河文化与本土文化交流碰撞的特殊结果，不同于我国大部分地区本土文化稳固发展的状况，航运带来的政治、经济、文化交流作用，对大运河山东段传统城镇的发展起到了决定性作用。大运河山东段传统城镇实现原真性保护和可持续发展就要把握住大运河城镇文化交融的基本特性，准确判断影响城镇发展的历史文化信息，充分挖掘出大运河山东段城镇蕴含的文化景观基因，恢复运河城镇的历史文化景观记忆，完成传统聚落修旧如旧式的有效保护，在把握原真性保护的基础上融入新的时代元素，用科学的方法协调保护、修复和发展三者的底线和尺度，促进传统城镇的可持续发展，保持运河城镇独有的特性和魅力，树立大运河城镇与众不同的形象气质。景观基因链理论在此方面具有显著优势，能够为大运河山东段传统城镇的保护和开发提供理论支撑和科学的方法策略，本质上符合大运河山东段传统城镇发展的内在需求。

2）景观基因链理论和大运河城镇线性发展模式具有高契合度

基于前文对大运河山东段传统城镇"胞—链—形"图示表达的研究成果，山东运河传统城镇在发展中以围绕运河的"线性"发展为核心形态，这与景观基因链理论中"信息元—信息点—信息廊道"组成的线性结构层次相吻合。对大运河山东段传统城镇的保护和开发应注重因地制宜的自然式发展，这种独特的线性发展形态与景观基因链理论指导下的保护开发模式更为契合，更易于将各类文化基因载体串联形成集聚历史文化记忆的景观基因廊道，线性城镇发展格局在提升景观基因廊道的文化内涵方面具有天然优势。

6.2 景观基因链理论在大运河山东段传统城镇的应用——以临清中洲古城为例

6.2.1 中洲古城概况

1）中洲历史轨迹

中洲古城位于山东省聊城临清市，元朝时期初开会通河后在元代会通河与卫运河交汇处逐渐形成了商人聚集的商业区域，称为中洲，即会通镇，后因临清县迁入此处，会通镇的称谓被取代。该区域因运河通堵不定，发展缓慢，至明永乐年间重修会通河之后，中洲成了卫运河、元代会通河与明代会通河形成的夹合之地，地理位置优越，交通十分便利，一跃成为商贾云集的繁华商贸区（图6-2）。至明嘉庆年间，又以中洲为核心修建了土城，古城格局逐步形成。中洲内商业街巷纵横交错，店铺林立、车水马龙，极尽繁华之势。清朝中叶之后，政治灰暗，官府对河道管理不善导致日趋拥堵，运河航运能力逐渐丧失，中洲地区商业活动逐渐减弱。随着太平天国起义斗争，运河航运受到了巨大的影响，中洲地区遭战事波及，商业环境受到重创，街毁人亡，失去了往日的繁华，从此一蹶不振。

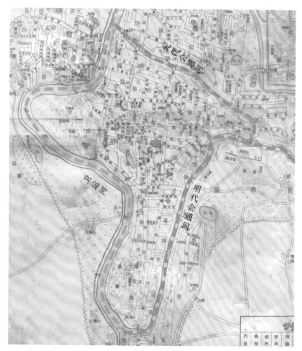

图6-2 中洲古城区位（图片来源：《临清县治》）

2）中洲古城价值现状分析

临清中洲古城位于临清市区西侧，作为三条运河交汇中心处的中洲古城，虽然失去了历史的繁华，但是其本身独特的地理区位决定了它在大运河历史文化保护以及弘扬大运河优秀传统文化方面具有得天独厚的优势地位，目前中洲运河历史文化街区已经成为山东省第一批历史文化街区，在《临清历史文化名城保护规划（2020—2035）》中已将临清古城纳入重点规划保护地区，保护和开发势在必行。目前，中洲古城仍基本保留原有街巷格局，是大运河山东段运河风貌历史文化建筑最为丰富的地区，明清时期建筑数量众多，是大运河文化展示的重要窗口，但经实地调研发现，该区域的保护还不够深入，历史文化建筑仍处于无人问津甚至乱改乱建的状态，传统街区受到城市发展的强烈冲击，历史建筑岌岌可危，该区域的保护和开发刻不容缓（图6-3）。

图6-3　荒废破败的张氏民居（付昊 摄）

3）现存问题分析

临清中洲地区因运而兴衰的发展格局受到现实社会的冲击，大运河对经济的驱动力丧失后，中洲地区尚未形成有效的经济体系，市场活力严重不足，导致发展滞后，人员流失，空心化严重，缺乏经济发展的核心动力。20世纪70年代以来，中洲地区历史文化建筑遭受重创，现存建筑结构老化失修，传统建筑私有化严重，民众缺乏正确的保护观念，乱改乱建现象频发，街道和建筑发展缺乏系统规划，地域文化保护力度不够，原有运河文化氛围缺失，人居整体环境较差。在大运河文化带建设背景下，中洲地区历史文化景观仍处于单点保护的单一模式阶段，系统、全面的整体策略尚未实施，主要问题集中在以下几点：①建筑陈旧，缺乏有效的保护更新；②公共设施缺乏，难以满足日益增长的生活需要；③交通拥堵，缺乏科学的道路疏通和规划；④整体环境较差，生态舒适度不足。因此，统筹历史文化保护和街巷活力提升，延续运河传统风貌兼具宜居环境优化是中洲古城保护开发设计的重难点。本节运用景观基因链理论"以点成线、以线带面"的科学规划范式，尝试厘清中洲古城发展的适用模式，以期在城市化快速发展阶段，打破中洲传统居住条件落后和经济模式严重脱节的时代困境，通过旅游开发与传统风貌保护并重的方式促进经济发展和文化振兴，提升区域活力，寻求新的突破。

6.2.2 景观基因链理论在中洲古城应用设计思路

景观基因链理论作为传统城镇历史文化遗产保护开发的重要理论支撑，在结构层次上具有显著优势，在保护开发设计中能够帮助梳理设计逻辑，提供更清晰明确的设计思路。中洲古城设计前期通过对该地区历史和现状综合分析，发现古城现存问题，然后以景观基因链的理论逻辑完成古城文化景观基因元和基因点的识别提取，结合实际提炼具备发展潜力的景观基因廊道，作为古城文化传承的风向标，明确古城发展的文化核心。以景观基因链的理论产出为设计依据，整体宏观层面结合景观廊道进行分区设计、道路交通系统设计；具体细部设计层面优先明确了对各历史文化遗产保护利用方式，针对两条文化廊道定位出核心基因点，并展开基因点细部设计；在提升古城形象、打造城市名片方面，优化城镇公共基础设施设计，结合古城丰富的文化基因进行文创产品设计，有机植入大运河文化、商贾文化、民俗等非物质文化，最终形成结构层次合理、逻辑关系明确的设计方案。设计技术路线见图6-4。

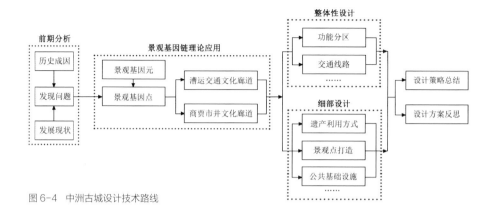

图6-4 中洲古城设计技术路线

6.2.3 中洲古城景观基因元的确定

　　景观基因元作为大运河山东段传统城镇历史文化信息的载体，是依附在不同文化景观里的景观元素。要确定该区域的基因元，不能只关注文化景观的外在表象，更要从传统文化层面挖掘山东运河传统城镇的历史记忆。大运河贯穿南北，将我国各地传统文化连成一条交流带，促进了临清地区对各地域文化的融合接纳，逐渐形成了独特的大运河文化。以儒家学说为核心的齐鲁文化、顺应自然的道家文化以及活跃在运河街巷的民俗文化、商业交流形成的商贾文化等多种文化的碰撞融合塑造了临清中洲文化的多元化特征，了解中洲地区的多元性文化本质可以提高对该区域基因元提取的准确性和代表性。

　　临清中洲历史考证的街巷有115条，街道主体呈丰字形布局，大小街巷通过桥梁、码头与运河相连，店铺作坊数量在鼎盛时期超过1000家，各式店铺、民居、街道、庙宇、官衙、航运设施以及市井民俗活动共同构成了中洲地区独特的文化体系，这些独特的文化景观载体数量众多，承载着丰富的景观基因元。根据景观基因链理论，结合对运河特色文化和中洲街道、建筑特点，本节对临清中洲蕴含的景观基因元做了系统梳理，可以从以下类型去挖掘：

　　① 桥梁、闸口、码头、船只、街口等。

② 粮店、茶叶店、布店、缎店、杂货店、瓷器店、纸店、盐行、羊皮店、酱园、估衣店、箍桶店、琵琶店、纸马店等。

③ 酒家、客店、剧院、典当铺等。

④ 考院、砖窑、阁楼、鼓楼、牌坊、寺庙、驿站、钞关、宅院民居、古树等。

6.2.4　中洲古城景观基因点的挖掘

景观基因点是景观基因元表达的物质载体，是文化景观落到实处的物化形态，作为景观基因廊道的构成要素，应具备可识别性，能够反映一定的历史文化记忆，可以是现存的，也可以经历史考证发掘的。在中洲古城保护开发设计中，基因点是打造基因廊道的物质基础，重要性不言而喻。景观基因点可以包含一个甚至多个景观基因元，一个景观基因元也可以成为多个景观基因点的构成要素。

根据景观基因链理论，结合《临清历史文化名城保护规划（2020—2035）》等相关信息，综合景观基因元的识别，将临清中洲古城景观基因点（图6-5）归纳为以下几个方面：

① 古城街市类基因点：青碗市口、锅市街、马市街、耳朵眼、大寺街、考棚街、吉士口、竹竿巷、箍桶巷、小白布巷、纸马巷、后铺街、后关街、前关街等。

② 商铺作坊类基因点：苗家商铺、明代惠民药局、济美酱园、远香斋酱菜铺、溢香斋酒坊、福兴号竹器铺、浮桥口张家竹器铺、隆兴号笼箩铺、义兴隆、大方茶叶店、聚兴银号、成记茶庄、庆丰竹器铺、耀星漆店、临清哈达收庄、怀德堂药铺、延香斋酱菜铺、庆宴楼饭庄、同兴德茶叶店、天兴张家金店、托板豆腐、什锦面馆、大昌布店、延寿堂药铺、泰兴绸缎店等。

③ 民居大院类基因点：单家大院、冀家大院、庄家大院、王家大院、汪家大院、赵家大院、张氏民居、孙家大院（原税课局）、朱家大院等。

④ 航运设施类基因点：问津桥、问津码头、月径桥、永济桥、会通闸、

先锋大桥（临清闸）、临清砖闸、三元阁码头、广济桥码头等。

⑤ 管理治理类基因点：临清运河钞关、县治阁楼遗址等。

⑥ 标志纪念类基因点：鳌头矶、鳌矶凝秀牌坊、天中阁、考棚黉门、百年国槐、会通古槐、张自忠故里碑亭等。

⑦ 信仰寺庙类基因点：大宁寺大雄宝殿、礼拜寺水阁、城隍庙等。

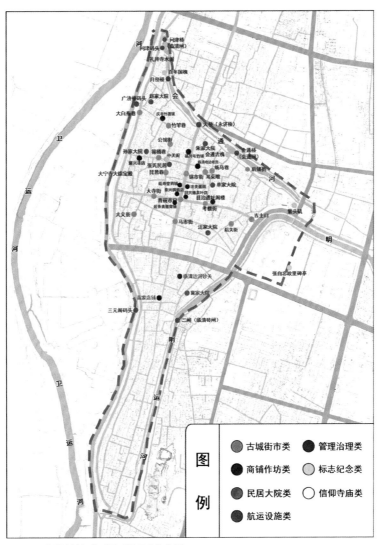

图6-5 中洲古城部分"景观基因点"位置

[注：参考《临清历史文化名城保护规划（2020—2035）》]

6.2.5 中洲古城景观基因廊道的构建

景观基因廊道的构建是中洲古城保护开发设计中的核心内容，是中洲区域文化内涵的集中体现。该基因廊道构建应以保护大运河传统城镇文化景观基因为基础，恢复城镇独特的历史文化记忆，重点提升中洲古城的影响力、打造城市文化品牌，形成足够的冲击力和感染力。

根据对中洲古城景观基因元和景观基因点的识别和提取，可以看出，中洲古城区域具有丰富的文化传承因子，其载体形式多样，既有与航运相关的"基因点"，又有和人们生产生活有关的基因点，为中洲古城景观基因廊道的打造提供了丰富的基础元素。结合中洲地区独特的区位特征和丰富的民俗文化，经分析可以重点设计打造两条主要的景观基因廊道。

1）漕运交通文化廊道

流经中洲古城的会通河全程使用人力开凿，它的贯通从根本上打破了临清交通闭塞的现状，会通河连接各大水渠，以此为轴心形成了丰富的水路交通网，中洲古城运河环绕的特殊区位是中洲走向繁荣的本源作用力。围绕桥梁、闸口、码头、驿站、钞关、船只等蕴含漕运文化的景观基因元素，结合中洲地区大运河走势，将符合漕运交通文化的景观基因点合理规划整合，并修复重建一批蕴含大运河漕运特色的景观点，如水上古船博物馆、古运河文化广场等，连同沿途景观点，如临清十六景之一的"鳌矶凝秀"等，着力打造出一条"漕运交通文化廊道"，形成水文化互动体验式景观点与沿途历史遗迹景观点交相辉映的特色景观廊道，彻底发挥三朝运河的水系优势。从景观点的位置分布可以看出，该廊道的打造既能满足中洲地区文化复兴的理论需求，又顺应中洲古城的现实发展状况，具有理论和实践双重可行性。

漕运交通文化廊道设计流线如下：临清砖闸→冀家大院→临清运河钞关→汪家大院→吉士口→水上古船博物馆→张自忠故里碑亭→武训纪念堂→鳌矶凝秀牌坊→鳌头矶→临清剧院→会通闸→会通古槐→古运河文化广场→永济桥（天桥）→月径桥→百年国槐→礼拜寺水阁→问津码头→临清闸（问津桥）。漕运交通文化廊道设计方案见图6-6。

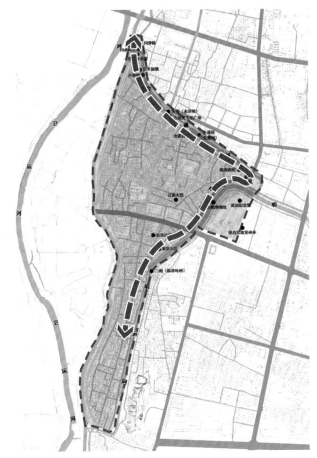

图 6-6 漕运交通文化廊道设计方案（付昊 绘）

2）商贾市井文化廊道

　　大运河漕运与私货运输历来是相生共存的，漕运业的发展带动了中洲地区商品流通，促进了中洲商贸活动集聚效应，因大运河而兴的商贾市井文化在大运河通航的数百年间得到了长足的发展，街巷纵横交错，商铺、货栈遍布全城。商品交换和手工业发展集聚的商贾文化与质朴、原始、纯真的民俗文化在中洲地区碰撞交融，留下了众多珍贵的历史文化遗产。打造"商贾市井文化廊道"，是要将商铺、民居、街市、官衙等基因点进行"复原"，展示出运河文化影响下中洲市民真实的生活生产状态，恢复传统城镇的精气神。该廊道在设计上重点是对历史遗存的古店铺、古民居等古建筑以及古街古巷等众多基因点进行整合，依托中洲地区街、巷、胡同交错的空间形式，通过百年老店展示、手工艺体验、民俗文化展示等途径让中洲区域空间活化。

中洲地区承载着商贾市井文化的景观基因点数量众多，呈散点分布的态势。根据对商贾市井文化基因点的分析，考虑到复杂的分布情况，廊道设计结合中洲街巷布局形成以"丰"字形为框架的景观基因廊道形式，将分散式的各景观基因点紧密结合在一起，处于核心轴线地位的"主廊道"和两侧数条次廊道互相补充，对廊道内的景观点进行移步易景似组合排布，展示出商贾市井文化廊道自然朴实而又丰富多元的历史文化特色，提高中洲古城的活力和魅力。商贾市井文化廊道设计方案见图6-7。

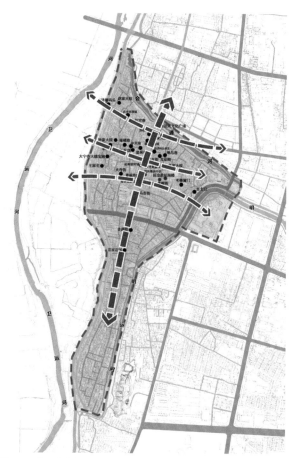

图6-7 商贾市井文化廊道（付昊 绘）

① 主廊道的打造主要依托中洲古城中心轴线，覆盖沿途现存各街道、商铺、民居等景观基因点，挖掘重建部分经历史考证曾经存在的基因点，打造中洲商贾市井文化主要景观轴，体现中洲古城壮观恢宏的商业气质，恢复原本繁荣丰富的文化景观。该廊道流经中洲古城最宽广的街道，设计为中洲一级道路，可供游客和车辆通行。

廊道设计流线为：古运河文化广场→锅市街→朱家大院→浮桥口张家→福兴号竹铺→延寿堂药铺→济美酱园→同兴德茶叶店→茂盛酱菜馆→青碗市口→马市街→会通街→苗家铺子。

② 次廊道主要以体现中洲小家碧玉式纵横交错的巷道文化为主，是"主廊道"的补充，既有可供车辆通行的一级道路，也有仅供行人通行的内街小巷，主、次廊道结合将中洲地区"街－巷－胡同"三级道路格局完美展示出来，将具有代表性的文化元素尽收囊中。

设计流线：①吉士口→考棚黉门→县治遗址阁楼→考棚街→青碗市口→延香斋酱菜铺→大寺街→王家宅→大宁寺大雄宝殿；②单家大院→纸马巷→耳朵眼→临清哈达收庄→粜米巷→中天阁→张氏民居→箍桶巷→耀星漆店→孙家大院；③浮桥口张家→竹竿巷→庆丰竹器铺→赵家大院→广济桥码头。

6.2.6　设计构想

1）功能定位与分区

对于中洲古城功能分区的设计是建立在原有城镇格局的基础上，结合"漕运交通文化廊道"和"商贾市井文化廊道"的建设需求，选择对城镇格局影响最小的方案对中洲现有各区域进行优化提升。在尊重历史发展的设计思路下，对不同功能区实现有效更新，提升文化展示和旅游服务功能，建设基础服务设施，提高生活质量。该方案将中洲分为漕运风情体验区、商贾市井复兴区和传统居住保留区三个区域（图6-8）。

漕运风情体验区依托大运河水域和沿岸现存水工、建筑设施等历史文化景观基因点，打造大运河沿线风景文化带，将亲水码头、水漫步道等景观节点建设与漕运体验、文化科普等项目相结合，大力开展旅游观光、户外研学等特色活动，以水陆互动的形式提升功能区文化体验效果，突出漕运风情。

商贾市井复兴区是"商贾市井文化廊道"的主体区域，具有众多历史遗存街巷，各类传统文化建筑如群星般点缀其中，是中洲古城最具代表性的历史文化区域。该区域的设计提升主要包括历史街巷整治、商业文化振兴、传统建筑修缮，对街巷凌乱无序、商业活力不足、建筑原真性破坏严重等问题进行重点改善，增设公共基础设施，打造原汁原味的商业市井文化，营造传统商业街区的"烟火气"。

传统居住保留区位于中洲古城南部，以会通街、东夹道街、西街道街等街区为主，是较为密集的居民生活区，历史文化建筑相对其他区域明显减少。该区域保持现有的发展状态，以满足现有居民的生活需要为主，同时作为见证运河兴衰与城镇兴衰正相关关系的典范区域。

图 6-8 功能分区设计（付昊 绘）

2）交通流线设计

基于对中洲古城"景观基因链"的分析成果和对传统城镇"胞—链—形"的层次结构分析方法，确定该地区交通流线的设计应在尊重城镇空间结构发展规律和把握街巷景观基因的基础上，服务于景观基因廊道的构建，并为当地居民的生活提供便利，在设计思路上优先利用原有街道线路，结合中洲街巷空间的现实功能需求和传统街巷的历史文化基因，形成功能和形式相统一的交通线路，注重营造连续性空间体验。线路设计实行三级划分，即满足车辆通行的一级道路、车辆禁入但可供密集人流通行的二级道路和仅可供少量人并行的三级道路，该街巷空间模式符合大大运河传统街巷空间特征（图6-9）。

图6-9 交通线路设计（付昊 绘）

（1）回环式街巷空间打造

中洲古城交通流线以南北走向的锅市街、马市街、会通街、东夹道街所形成的连贯线路和东西走向的大寺街、考棚街所形成的连贯线路、青年路以及环运河一侧沿岸道路为一级道路，兼具商贸和运输功能，设计宽度应满足车辆通行需求并设置人行游览专线，完成人车分流；设置以箍桶巷、枭米巷、竹竿巷、纸马巷等与一级道路直接相连的二级道路，与一级道路呈垂直或平行布局，二级道路多为商业街巷，设计用途为商业步行街，宽度设置上仅需考虑人行需求；在二级道路之间设置众多的三级道路，该道路功能单一，主要是为游客参观宅院民居和原住民通行提供便利。中洲"耳朵眼"胡同以形状狭长弯曲而得名，是三级道路的典型代表。

一级道路既是中洲古城核心交通线，又是连通中洲外部的主要通道，二级道路与一级道路垂直分布、紧密相连，二级道路之间又由三级道路连通，不同层级路网共同构成了中洲古城回环式的街巷空间，既满足了中洲商贾市井文化展示需求，又形成了"山重水复疑无路，柳暗花明又一村"的传统街巷特色，极具江南水乡街巷特点，在设计上也体现出了大运河促进南北文化交融这一典型特征。

（2）街巷空间尺度设计

"当我们想到一个城市时，首先出现在脑海的就是街道。街道有生气城市也就有生气，街道沉闷城市也就沉闷。"[1]这是《美国大城市的生与死》中对街道空间的表述，可见街巷空间设计的重要性。日本建筑师芦原义信在《外部空间设计》中对街道宽度值 d 和建筑高度 h 比值的研究中得出：$d/h < 1$ 时，空间私密性较强，具有压迫感；$d/h = 1$ 时，空间舒适度较高，给人亲切之感，是符合人际互动的极佳尺度；当 $1 < d/h < 2$ 时，视线开阔，有安定稳重之感；$d/h > 2$ 时，随着比值增大距离感逐渐增强，会强化疏离陌生之感（Naoki et al., 1990）。

---

① 芦原义信. 街道的美学 [M]. 尹培桐，译. 南京：江苏凤凰文艺出版社，2017: 23.

临清中洲街巷空间尺度和三级道路格局关系紧密，在设计中将交通功能影响下的绝对尺度与满足人居心理舒适度的相对尺度结合。根据日本建筑师芦原义信对建筑高度与街道宽度形成的空间舒适度研究成果，提出三种不同的街巷空间尺度组合关系与三级道路呈呼应之势（图6-10），基本符合中洲古城街巷空间现状，因此在设计中尽可能依照原尺度关系和高度比对街巷空间进行以优化为主、拓宽改建为辅的设计策略。具体街巷空间营造方案如下：

一级道路街巷空间尺度满足 $2 < d/h < 2.5$ 的比例关系。在保证车辆和人流顺畅通行的基础上，营造较开阔的视线轴，打造中洲古城恢弘的商业场面，体现运河文化繁荣壮丽之势。

二级道路街巷空间尺度满足 $d/h = 1$ 的比例关系。作为商贸功能优先的商业步行街，应打造舒适自然的交互环境，拉近游客与店铺、游客与游客之间的亲切感，提高游人驻足时间，充分发挥商贾市井文化的吸引力。

三级道路街巷空间尺度满足 $d/h < 1$ 的比例关系。中洲小尺度街巷空间的形成与运河商贸繁荣时期土地资源有限而导致的高土地利用率有显而易见的因果关系，三级道路采用比例小于1的尺度关系符合中洲古城传统历史风貌，这种"曲径通幽"式的特殊街巷空间虽有压抑之感，但也为纵横交错的街巷空间增加了一丝神秘的趣味。

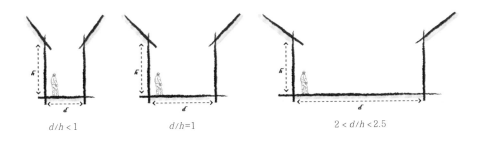

$d/h < 1$ $\qquad$ $d/h = 1$ $\qquad$ $2 < d/h < 2.5$

图6-10　三种不同街巷空间尺度关系设计（付昊 绘）

3）遗产保护利用方案

（1）现存历史文化遗产分布普查

中洲古城现存历史文化遗产约 24 项，其中建筑设施类 22 项，历史文化街道 2 项，均为明清及以上时期建造，具有较高的历史文化价值，具体见表 6-1，分布多集中在中洲古城北部。

表 6-1 中洲古城域内文物保护单位

级别	名称	位置	年代
国家级	临清运河钞关	后关街南 20 米	明代
	鳌头矶	吉士口街 35 号	明代
	问津桥	白布巷西首	元代
	月径桥	桃园街西首	清代
	会通桥	福德街北首会通河上	元代
	临清砖闸	前关街南首运河上	明代
	冀家大院	前关街 82 号	明代
	汪家大院	后关街 88 号	清代
	赵家大院	竹竿巷 56 号	明代
	孙家大院	箍桶巷 105 号	明代
省级	朱家大院	福德街 124 号	明代、清代
	大宁寺大雄宝殿	商场街 32 号	明代
	张氏民居	箍桶巷 156 号	明代
	临清县治阁楼	福德街南首	明代
	三元阁码头	西夹道街西侧	明代
	考棚黉门	考棚街 41 号	明代
	竹竿巷	竹竿巷	明代、清代
	箍桶巷	箍桶巷	明代、清代
	苗家店铺	会通街 33 号	清代
市级	王家大院	大寺街 62 号	清代
	单家大院	福德街 74 号	明代、清代
	竹竿巷 116 号民居	竹竿巷 116 号	清代
	箍桶巷 152 号民居	箍桶巷 152 号	清代
	考棚街 20 号民居	考棚街 20 号	清代

（2）保护修复利用方案

根据中洲地区历史文化建筑保存情况（图6-11），结合临清古城建设需要，对历史文化建筑和街区开展保留、恢复、传承、使用四位一体、因势利导的保护工作，对历史文化建筑的保护修复可采取三种方式：①现存明清时期建筑，具有极高的文化价值，应以保护为主，进行原真性修缮，保持建筑原真原貌，对前期乱改乱建造成的破坏进行技术性复原修复，设立保护区，控制周边环境，凸显建筑价值和对环境文化的提升作用。②民国时期至20世纪80年代建筑，在中洲地区占绝对主体，该类型建筑应根据中洲古城设计的需要，制定提升方案，以阶段性修缮和改造为主，配合古城形象提升，对形象和结构较为完整的高价值建筑进行修缮，对不符合古城外观形象的老旧建筑进行改造，对废弃危房进行拆除重建处理，修复更新应分区域分阶段实施，按照景观基因廊道向其余地区逐渐辐射的优先级来进行，配合古城形象提升、文化复兴的基础建设工程，不建议整体拆除重建。③对于历史存在过的重点历史文化建筑，根据景观基因链理论两条廊道建设的需求，可在关键节点进行有目的地复原重建。

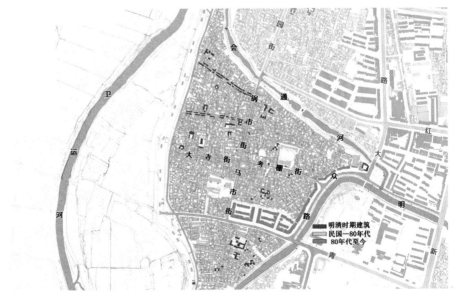

图6-11 中洲历史文化遗产分布
[注：参考《临清历史文化名城保护规划（2020-2035）》]

4）景观基因点保护及恢复设计

景观基因点是城镇历史文化记忆的传承载体，是展示传统文化特色的有效窗口，前文已运用景观基因链理论挖掘出两条特色景观基因廊道，本节重点对两条景观基因廊道上的部分基因点进行保护和展示设计，对历史文化景观基因点采取保留、恢复、传承、使用协同共进的设计手法，凸显廊道文化特色，采用合理的手段有效提升古城整体文化氛围。

景观基因点在打造过程中重点考虑三个优先原则：①对需要重点保护、迫切保护的历史文化点优先打造的原则；②对位置典型、文化突出、有利于凸显两条景观基因廊道的历史文化点优先打造的原则；③对景观基因点相对集中，易于形成基因点集群效应区域优先打造的原则。基于以上原则，设计可以优先打造的基因点或集群区位如图 6-12 所示，选取部分景观基因点设计展示如下：

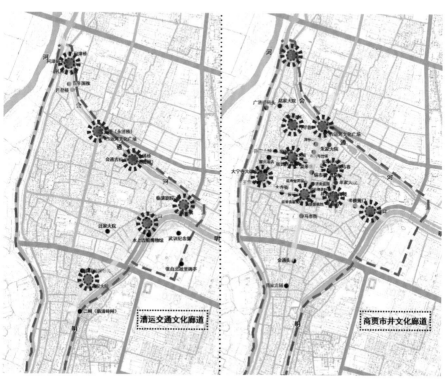

图 6-12 廊道主要景观点集群（付昊 绘）

（1）古运河文化广场

古运河文化广场设计场地位于中洲古城北侧元代会通河与锅市街相交处，是中洲古城北向出口，北与桃园街相邻，西与小白布巷相连，东与后铺街相连，区位优势显著，位于中洲古城"漕运交通文化廊道"与"商贾市井文化廊道"的相交点，在规划设计中占据独特地位，是需重点打造的文化展示窗口。

该区域具体设计效果见图6-13所示，包含临清天桥、元代会通河、运河滩涂、杂货铺子等运河文化景观基因点，南北两侧商铺林立，具有浓厚的文化气息。该区域设计结合大运河文化、商贾文化、市井文化打造以"中洲气韵"为主题的文化广场，是中洲古城综合魅力展示区，作为古城北部门户，建设入口牌坊，提取景观基因纹样应用到设计中（图6-14），提升入口辨识度，打造古城新时代名片。

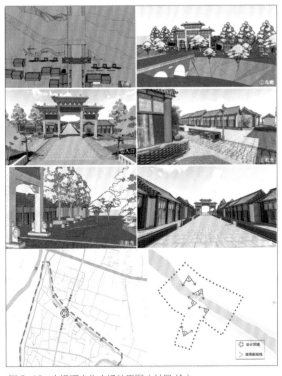

图6-13 古运河文化广场效果图（付昊 绘）

图6-14 大运河文化广场部分景观基因利用图解（付昊 绘）

（2）青碗市口

青碗市口位于中洲古城锅市街、马市街、考棚街和大寺街交汇处，为古城交通主要轴线交汇点，地理区位优势显著，是展示中洲商贸市井文化的重点打造区域（图6-15）。

图6-15 青碗市口区位及现状

（图片来源：a 付昊 绘；b 取自 https://www.sohu.com/a/285742451_801816）

该区域设计以恢复商业街口繁华的贸易市场为主，重点根据对店铺民居景观基因的提取结果对街口店铺民居建筑进行修缮复原，对废弃建筑、破坏历史风貌的建筑拆除重建，还原古运河繁华的店铺民居立面形态，复原"泰兴绸缎店""同兴德茶叶店""延香斋酱菜铺"等历史老店景观基因点，更新街道空间，整治街道乱象，进行街道尺度调整、道路铺装、修整等公共基础建设，打造四通八达的商贸街口景观，凸显古韵厚重的历史文化展示区（图6-16、图6-17）。

图6-16 青碗市口效果展示（付昊 绘）

图6-17 青碗市口街景展示（付昊 绘）

（3）会通桥亲水码头

会通桥，初为元朝始建的会通闸，清朝改为单孔石桥，横跨会通河，位于纸马巷东北方向，后铺街中段（图6-18）。

图6-18 会通桥亲水码头区位及现状

（图片来源：a 付昊 绘；b 取自 https://www.meipian.cn/34fiwgu4）

该区域设计主要从浸入式漕运交通文化体验景观点设计入手，依托会通桥遗址等景观基因点，结合桥边滩涂及两岸地带，设计水路互动式文化体验，通过历史遗迹修复、漕运场景还原等途径营造交互式场景感官体验，将景观基因孤点与周边环境完成交融，设计效果见图6-19。

图6-19 会通桥亲水码头景观点（付昊 绘）

（4）孙家大院民居博物馆

孙家大院位于籛桶巷内税课局胡同，明朝初建，清朝扩大至四进合院布局，曾经是税课局所在地，现只剩一栋内部较完好的建筑，其余主体均已大面积拆毁或重建。现存建筑为坡屋顶宅院民居建筑，廊下为隔扇墙立面，隔扇上冰裂纹、步步锦等图样装饰丰富，梅兰竹菊等植物纹样丰富多彩，整体典雅质朴，是典型的受运河文化交融影响的传统民居。对于民居单体建筑的恢复应以保持现有基因的基础下，融入复原该区域地域特色景观基因，打造丰富的民居景观基因博物馆。图 6-20 和图 6-21 分别为设计复原的带廊抬梁式结构隔扇墙立面民居样式和不带廊抬梁式结构砖墙立面宅院民居样式细部展示。

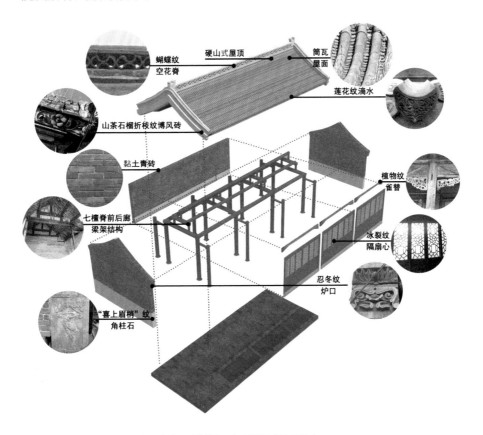

图 6-20 带廊抬梁式隔扇墙立面宅院民居单体复原细部展示（付昊 绘）

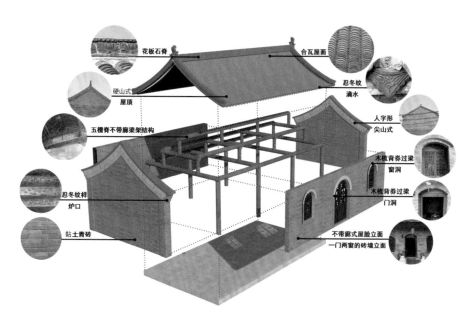

图 6-21　不带廊抬梁式砖墙立面宅院民居单体复原细部展示（付昊 绘）

孙家大院民居博物馆建设是大运河山东段传统宅院民居文化的集中展示，是商贾市井文化廊道中民居景观基因点的核心体现，对促进民居景观基因多样性、运河民居建筑研究、弘扬运河传统文化具有重要意义。该景观基因点的打造可以深度应用民居景观基因的研究成果，将宅院民居的景观基因进行多样化展示。该方案分区域分阶段实施进行，对现存院落保护修缮，对损毁院落进行复原，初期阶段形成二进四合院落整体格局，复原平面及效果鸟瞰见图6-22、图6-23。

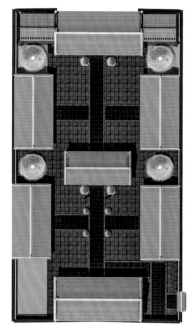

图 6-22　孙家大院复原平面设计（付昊 绘）

图6-23 孙家大院复原鸟瞰展示（付昊 绘）

（5）竹竿巷工艺文化街

明清时期大运河山东段城镇处处可见竹竿巷的身影，江南竹木沿运北上，一路售卖，运河城镇竹器加工业迅速发展，形成了独特的景观基因点，既有江南街巷温婉如玉的精致，又有北方古朴稳重的特点。临清中洲竹竿巷位于箍桶巷与小白布巷之间，东与锅市街相连，具体位置和现状见图6-24。

图6-24 竹竿巷手工艺步行街区位及现状（a付昊 绘；b付昊 摄）

竹竿巷工艺文化街的改造设计对中洲古城商贾市井文化廊道的建设具有重要意义，在设计中运用店铺民居景观基因的研究成果，让街道主体建筑中的传统文化基因得到有效呈现，展示店铺基因立面形态，并结合街巷尺度空间的研究，营造和谐舒适的手工艺文化步行街，提升商业街道活力，对中洲地区物质文化遗产和非物质文化遗产的继承和发扬发挥作用（图6-25）。

图6-25 竹竿巷手工艺步行街设计效果展示（付昊 绘）

中洲古城作为重要运河文化遗存区，设计上遵循"保护为主、开发为辅"的设计原则，依托景观基因链理论产出的廊道构想打造以特色景观基因点为核心的新时代运河古城。前文择部分景观点设计进行了初步展示，后续可在现有景观点的基础上分阶段、分层次持续丰富"漕运交通"和"商贾市井"两条景观基因廊道，打造北方运河"明珠"。中洲古城保护开发设计鸟瞰见图6-26。

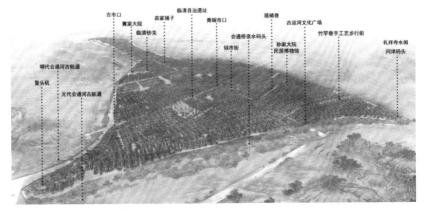

图 6-26 中洲古城鸟瞰（付昊 绘）

5）中洲古城街巷公共基础设施更新设计

公共基础设施更新是提升城镇生活宜居度、打造城镇形象的基础工程。公共基础设施更新应建立在不改变当地历史人文风貌的基础上进行，用人性化设计将运河传统文化元素融入公共基础设施中，完成视觉和功能的有机统一，实现"寄情于景"式的文化渗透，以"润物细无声"的方式让民众和游客感受到运河传统文化的时代内涵，是古城历史文化魅力的"无声"名片。完善公共基础设施可以从文化雕塑设计、服务设施设计、市政设施设计三个方面进行，健全城镇基础服务功能。

① 文化雕塑设计可从漕运文化、商贾文化、市井文化等贴近运河功能和居民生活的历史文化信息入手，利用场景还原、氛围营造等方式结合景观基因点布局，恢复城镇历史文化记忆，丰富景观文化内涵。雕塑主题与位置设计服务于景观基因廊道构建，起到补充和调节作用，如在漕运文化廊道上选择码头、闸口等景观点设置劳动、水运等场景雕塑（图6-27a、b），在商贾市井文化廊道上选择街口、广场等景观点设置商品交易、手工制作、市井生活等场景雕塑（图6-27c、d）。

(a) 码头场景　(b) 漕运场景　(c) 生活场景　(d) 交易场景

图 6-27 运河相关文化雕塑设计（付昊 绘）

② 服务设施设计可以对中洲古城的历史文化街区、历史遗迹设计统一的指示牌、宣传栏，设立保护边界和保护说明，设计具有传统文化特色的公共座椅、游览导图、行进路标等，建立完善的服务标识体系，健全城镇服务导向功能，易于拉近人与环境的距离，为居民和游客提供舒适便捷的感官体验（图6-28）。

图6-28　中洲地区现有标识牌（付昊 摄）

③ 市政设施设计主要以井盖、垃圾箱、路灯等必要设施入手，缓解设施与城镇文化景观环境之间的不协调感，将其转化为传统城镇景观基因传播的载体，同时起到美化环境和文化的隐性宣传作用，设计样图以瓦当、方格窗、忍冬纹等景观基因为设计元素，将历史文化景观完美融合（图6-29）。

图6-29　常见市政设施设计（付昊 绘）

6）中洲古城运河文创产品开发设计

文化创意产品是弘扬运河传统文化的有效途径，优秀的文创产品能够有效促进运河传统文化的普及，提取中洲古城文化景观基因作为文创产品的主要设计元素，利用文创产品易于传播、便于携带的特性扩大文化影响力，突破传统媒介的限制，既能满足线下使用需求，又易于结合线上网络进行文化宣传，提升品牌效应，扩大传播途径的同时为中洲地区调整产业结构调整提供了新的开拓点。

在中洲古城文创设计中，将临清中洲多样的文化基因进行提取，梳理再现了中洲丰富的历史文化内涵，最终通过图示转化应用，在LOGO设计中得到充分体现（图6-30）：①中轴对称的整体构图，体现北方传统城镇尊崇礼制的精神文化；②拐子纹装饰纹样运用，体现中洲地区精致厚重的建筑文化；③蜿蜒曲折的回环造型，象征中洲地区百转千回的胡同文化；④似浪花般的线性构图，象征人工开凿建立的运河文化。LOGO色彩上使用彰显古建筑文化内蕴的偏土黄色，色值为#CB9767，一方面符合山东运河流域黄土地和运河民居木结构的情感色彩认知，另一方面该色彩传达出温暖厚重而又古典之感。

中洲印象

IMPRESSION OF ZHONGZHOU

图6-30　中洲古城LOGO设计展示（付昊 绘）

文创产品设计对中洲传统民居窗棂、瓦当、隔扇等部景观基因进行元素提取，抽象凝练成标志性的设计元素（图6-31），设计手法统一简洁而又灵活多变，形象易于记忆、便于传播，最终以专属LOGO、明信片、抱枕、帆布包、徽章、书签为例展出部分文化创意产品（图6-32、图6-33）。

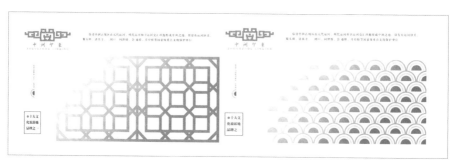

图 6-31　提取凝练的设计元素（付昊 绘）

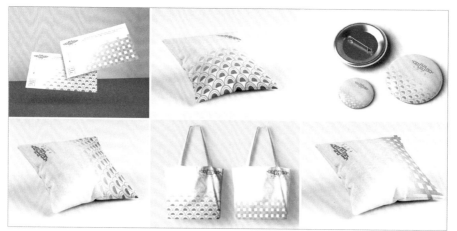

图 6-32　文化创意产品设计展示（付昊 绘）

图 6-33　文化书签展示（付昊 绘）

6.2.7 设计策略及反思

① 厚植历史记忆，融合时代内涵，树立原真性保护和有机更新同步进行的发展理念。文化是立足之本，是传承之基。传统城镇的保护开发应从历史的角度出发，根植本土历史文化，守住传统聚落传承发展的灵魂，脱离历史文化的重建开发只是徒有其表的空壳，是对传统城镇历史文脉的严重破坏。坚持以文化作为根本支撑，才能实现传统聚落保护的原真性。传统城镇是历史发展至今仍然存在的实体，其发展是动态的过程，因此传统城镇的保护开发需要在保持原真性的基础上，站在时代的高度，融入新的时代内涵，保留、恢复、传承、使用协同共进，既要凝聚历史文化价值又要适应现实发展节奏，实现新旧结合的有机更新。

② 整体协调发展，统筹散点保护，构建整体协调性与个体多样性齐头并进的发展路径。传统城镇的保护开发首先是一个整体性的过程，应站在全局的高度，协调历史文化、社会环境、自然风貌等多方面的关系，设立保护优先级，做出统一部署。设计应以整体性保护为核心，以重点濒危历史文化遗迹保护为先导，注重单体保护与整体文化景观保护相协调，注重民俗文化、传统工艺等非物质文化遗产保护与物质文化遗产保护相结合，注重顶层设计与基层实践相结合，促进传统城镇历史文化整体协调性与景观基因个体多样性。

③ 优化区位功能，更新产业结构，实现经济发展与传统文化保护良性互动的发展模式。以大运河山东段传统城镇发展情况为例，历史证明了大运河的兴衰决定着沿线城镇的兴衰，时代变迁和社会格局的转变会对城镇发展产生重大影响。传统城镇在时代进程中能够持续稳定发展，就必须探索与时代背景相适应的发展模式，树立正确的历史文化价值观。优化区位功能就是要合理利用区位优势，统筹区位资源，做好各区域的发展定位。以中洲古城设计为例，商贾市井文化振兴区定位与商贸文化景观基因廊道基本吻合，将历史文化现状结合古城功能定位，形成文化振兴与区域发展相协调的发展模式，借助区域文化资源推动第三产业发展，以文化产业推

动经济发展，加速产业结构更新，经济发展反作用于文化保护建设，实现经济发展与文化保护相辅相成、相互促进的良性互动模式，是提高传统城镇活力的有效途径。

④ 强化政府主导，鼓励公众参与，形成政策指引与市场需求相适应的多层次共建体系。传统城镇历史文化保护需要做好顶层设计，政府相关部门应优先发挥在文化建设中的先导作用，制定保护政策、规范开发行为、明确责任主体，把握历史文化基因保护的基本点，做好方向指引和有效监督。传统城镇归根结底是居民生活的地方，民众积极参与能够对传统文化景观的保护发挥决定性的力量，顶层设计要以提升居民生活质量为目标，带动公众参与的积极性，广泛听取公众意见，制定符合实际情况和市场需求的保护措施，形成自上而下的多层次共建模式。

6.3 本章小结

本章对"景观基因链"理论作了细致解读，分析讨论了景观基因"元""点""廊道"三要素的本质内涵，并对三者之间"以元化点、以点成线"的内在逻辑关系进行了梳理，三者之间依存和递进的层次关系在历史文化信息高度凝练和再现上具有显著优势。景观基因链理论和大运河城镇线性发展模式具有较高契合度，而且从理论内涵上符合城镇发展的内在需求，因此，本章重点尝试将该理论运用到大运河山东段传统城镇的保护开发策略中，并以临清中洲古城为例展开设计应用实践。

设计实践中首先对中洲古城历史风貌和价值现状进行分析，梳理出建筑陈旧、公共设施缺乏、交通拥堵、整体环境较差等现存问题，尝试运用景观基因链理论厘清中洲古城发展的适用模式，通过旅游开发与传统风貌保护并重的方式寻求突破。通过景观基因链的理论逻辑，提取出桥梁、店铺、码头、民居、街口等众多基因元，并物化找到对应的基因点，归纳后分为古城街市类、商铺作坊类、民居大院类、航运设施类、管理治理类、标志纪念类、信仰寺庙类共七大类基因点，从中规划设计出"漕运交通文化"和"商贾市井文化"两大景观基因廊道，并以此为基础展开细部设计分析。最后，结合理论和设计实践反思，得出大运河山东段传统城镇的保护开发应注重厚植历史记忆，融合时代内涵，整体协调发展，统筹散点保护，优化区位功能，更新产业结构，强化政府主导，鼓励公众参与的保护开发策略。

下篇
建筑文化遗产

7 大运河建筑文化遗产研究概况

大运河建筑文化遗产是中华民族社会和文化发展过程中形成的极具价值的历史文化资源，也是大运河遗产廊道的重要组成部分。把大运河建筑文化遗产研究作为开发大运河景观再利用的前期理论基础，不仅有助于大运河历史文化景观自身的保护，而且有利于揭示遗产背后的深层次影响因素，解决在开发过程中的"人地关系"矛盾，推动大运河所蕴含的历史文化、宗教文化、民俗文化、经济文化等综合资源的整体性保护传承利用。

7.1 研究现状

7.1.1 大运河流域文化研究

大运河在两千多年的发展过程中，其流域沿线逐渐形成了不同特色的地域文化，大运河是其文化的脉络也是载体，因此在与大运河相关的研究中，关于大运河文化的比重较大。我国关于大运河流域文化的研究主要集中在局部的地域文化、民俗文化及民族文化等方面，并重视其文化传承与发展的研究。蔡勇（1995）通过梳理历史各个时期的京杭大运河发展过程对济宁段文化的形成和特点进行了研究；王志华（1998）分析了京杭大运河对曹州牡丹文化的影响；高建军（2001）进行了对大运河民俗文化的研究；王树理（2001）对大运河在中国回族聚落格局中产生的作用进行了详细研究。李芳元（2002）通过分析《金瓶梅》，研究了大运河在明代社会生活所产生的作用；李建华（2008）认为大运河无锡段文化是漕运文化和吴文化的综合表现，在进行旅游开发时必须重点突出大运河文化；刘彦斐（2015）以大运河沧州段为例，在地域文化的视角下对大运河的滨河景观设计进行了研究，总结出地域文化指导滨河景观设计的策略和方法。

7.1.2 大运河遗产保护的理论与实践研究

大运河沿线拥有丰富的历史文化遗产，这是数千年人类智慧的结晶，是历史记忆的载体，如何保护传承利用好这些文化遗产，是研究工作的重点。21世纪初，国内便开始了从遗产角度对大运河进行研究，主要集中在生态建设、工业遗产和构建遗产廊道等方面。俞孔坚（2003）将美国哈佛大学推出的遗产廊道理论引入到京杭大运河遗产保护中；朱强（2007）探讨了京杭大运河工业遗产廊道的规划格局，制定了相应的保护与利用策略，提出的相关理论和研究方法对工业遗产保护研究提供了理论依据；杨冬冬（2009）选取了扬州和临清两个大运河沿线城市对因大运河而形成的城市总体布局和景观意向进行了研究，体现了大运河的景观和遗产价值。另外，蒋奕（2010）以苏州段为例研究了大运河物质文化遗产保护规划；张茜（2014）提出了南水北调工程影响下大运河文化景观遗产的保护策略研究。

7.1.3　大运河建筑文化遗产研究

　　大运河沿线的古建筑遗存是物质文化遗产的重要组成部分，其清晰地记录了不同历史不同地域的文化多样性，拥有丰富的历史文化内涵。我国对大运河建筑文化遗产的研究主要集中在其所承载的文化内涵、影响关系以及传承与利用等方面。赵鹏飞（2013）对京杭大运河山东段的清真寺、大王庙和妈祖庙三大种类的建筑进行了研究，分析它们与大运河之间的密切联系。曹伟（2014）通过剖析坐落于高邮的盂城古驿的建筑形式、地域设计与驿站群落，分析了建筑群与传统"街市文化"的延续以及对城市建设于城市居民生活文化的影响，对盂城驿的开发与保护提出了问题与意见。李正文（2016）对聊城山陕会馆的装饰艺术构成进行研究，分析运河文化与装饰内涵之间的关系，最后提出了对山陕会馆建筑装饰传承和发展的方法。可以发现这些研究主要是以单一建筑或几个建筑为研究对象，缺乏对大运河建筑文化遗产统筹全局的研究思维和视角，尽管有较为全面的基础数据，却缺少对大运河建筑文化遗产的整体时空格局、造成其差异性的原因以及变迁规律等方面的系统梳理和论证。

7.2　研究内容与目的

本篇主要对大运河山东段（即大运河聊城段、梁济运河段、南四湖区段）遗产廊道的建筑文化遗产进行研究，运用景观地理学的方法，在全面梳理山东段现有建筑文化遗产的基础上，结合文献资料的整理和检索，全方位构建大运河山东段建筑文化遗产的时空动态格局，研究其形成与发展的主导因素和变化趋势。在阐明大运河建筑文化遗产遗存及其时空动态格局的基础上，分析大运河山东段的建筑文化遗产资源现状和比较优势，揭示其内在机制、主导过程和主要因素，探索大运河山东段建筑文化遗产保护与可持续发展的有效模式，为弘扬我国优秀传统文化，实现中华民族文化复兴提供重要的理论依据和参考。

7.2.1　大运河山东段建筑文化景观遗存的调查研究

通过对大运河山东段建筑文化遗产进行系统的文献梳理和实地调研，获取山东段现有建筑文化遗产的基础数据，基于景观类型和功能用途的分类，构建较为完整的大运河山东段建筑文化遗产体系的现状。

7.2.2　大运河山东段建筑文化遗产的时间维度分布格局

对大运河山东段遗产廊道上的建筑文化遗产进行纵向对比分析，探究其时间维度上的格局，即大运河山东段沿线在不同时期古建筑遗存分布的情况。以建筑特征与类别的演变，分析朝代的更迭、时代的变迁对大运河建筑文化遗产的影响，梳理出其发展历程和文化脉络，以揭示其流变规律，明确其主导影响因素和驱动发展机制，为其保护和可持续发展对策研究奠定基础。

7.2.3　大运河山东段建筑文化遗产的景观空间格局

对大运河山东段遗产廊道上的建筑文化遗产进行横向对比分析，分析在同一时间内大运河山东段建筑文化遗产的空间分布情况，探究自然环境和人文等因素对大运河山东段运河建筑文化遗产类别差异性的影响，明确大运河山东段沿线各区域建筑文化遗产资源的比较优势及其在整个大运河文化带格局中的定位，为制定差异化发展对策提供有力的依据。

7.2.4　大运河山东段建筑文化遗产保护性规划研究

大运河建筑文化遗产承载了丰富的历史文化内容，是延续的、变化的、整体的。大运河建筑文化遗产的保护传承利用必须打破行政区划的限制，带动沿线诸多区域的协调发展和协同创新，避免同质化现象。本篇遵循大运河文化发展的内在驱动机制，结合山东段区域的比较优势，探究最适宜的差异化和可持续发展策略。

7.3　主要的研究思路

7.3.1　确立研究视角

大运河申遗的成功使大运河沿线各城市及相关领域开启了新的国家叙事。大运河在其形成、发展和利用的漫长历史过程中，孕育产生了丰富的运河文化，留下了大量的历史文化遗存，而建筑文化遗产是不同区域历史变迁的重要见证，反映了该区域的风土人情和主流价值。作为大运河地域文化积淀的重要载体，对其相应的价值认知进行全面系统的研判，从而构建科学准确的保护传承利用模式和理论体系尤为重要。对大运河进行盲目的、片面的、孤立的开发，将留下不可弥补的遗憾。因此，应该充分挖掘大运河景观遗产的历史价值和文化价值，才能更好地对大运河景观进行开发与利用，使得宝贵的建筑文化遗产得以延续。

7.3.2　建筑文化遗产的时间动态与地理格局研究

大运河建筑文化遗产的形成与发展过程中受到自然、历史、政治、经济、民众和文化等诸多因素的影响，呈现明显的时间和空间特征。时间上，同一地区因朝代更迭、审美变迁、科技进步以及自身文化的发展而在不同的历史阶段呈现出不同形态的建筑文化景观。空间上，同一时间段内大运河建筑文化遗产的空间格局特征反映了不同地域文化特色和价值观。通过对大运河山东段建筑文化遗产的时空动态变化进行系统地归纳总结，全面呈现大运河山东段建筑文化遗产的基本分布情况，分析其空间差异性、演变规律及影响因素，从而为保护策略的制定奠定基础。

7.3.3 寻找机制，谋划策略

大运河建筑文化遗产是中华优秀传统文化的典型代表，也是人类宝贵的历史文化资源。思考其合理保护与可持续发展对策具有战略性意义。在明确大运河文化带山东段的内在机制、比较优势和现状条件的基础上，制定相应的发展策略，解决好开发过程中的"人地关系"矛盾，才能有效保护千年文化遗产的传承与延续。

8 大运河山东段建筑文化遗产普查

大运河始建于春秋时期贯穿南北，与海河、黄河、淮河、长江、钱塘江五大河系相连，总长2 700千米。从春秋到现在，主体成型的工程主要集中在三个时期。第一个阶段是春秋时期，形成了最早的邗沟；第二个阶段是隋朝时期，通济渠、永济渠与重修的江南运河形成京杭大运河的基本骨架；第三个阶段是元明清时期，开凿的济州河、会通河等为大运河的规模奠定了基础。至今，大运河的部分河段依然通达，它是一个充满活力的历史文化遗产，在航运、灌溉和生态改善方面都发挥着重要的作用。

本章中的大运河山东段沿线建筑文化遗产，包括聊城段、梁济运河段、南四湖区段三个区段，涉及了聊城市、济宁市、枣庄市三座城市的七个县区，基本集中在大运河历史文化名镇之上。

8.1 建筑文化遗产资源地理分布

8.1.1 总体情况

研究区域内现存42处建筑文化遗产遗存（表8-1）。从河段分布数量看，聊城段最多为19处，梁济运河次之为13处，南四湖区段最少为10处。从县区级分布数量看，济宁任城区是京杭大运河山东段拥有现存建筑文化遗产最多的县区，约为总数的29%，聊城临清市次之，最少的是枣庄市台儿庄。但从运河资源的发展与利用现状来看，枣庄打造古城文化是成效最为突出的。因此，总体而言，大运河山东段的建筑文化遗产资源潜力巨大。

表8-1 大运河山东段建筑文化遗产数量统计

运河段	县市	县域建筑文化遗产数量（处）	区段合计（处）
聊城段	临清县	7	19
	东昌府区	6	
	阳谷县	6	
梁济运河段	济宁市汶上县	1	13
	济宁市任城区	12	
南四湖区段	济宁市微山县	6	10
	枣庄市台儿庄区	4	

8.1.2 聊城段建筑文化遗产现状

大运河在聊城段分为会通河和位临运河并行的两段，根据历史地位，以会通河沿岸的建筑文化遗产为研究重点。会通河大部分属于海河流域，北起临清，南至济宁，流经东平、阳谷、东昌府区、茌平、临清五个县市，目前尚存的建筑文化遗产仅在临清、东昌府、阳谷三县市共19处（表8-2）。

表8-2 聊城段建筑文化遗产分布

运河段	县市	建筑文化遗产
聊城段	聊城市临清县	临清清真北寺
		临清清真东寺
		临清大宁寺
		临清钞关
		鳌头矶
		临清歇马亭古岱庙
		临清魏湾钞关
	聊城市东昌府区	山陕会馆
		光岳楼
		聊城铁塔
		小礼拜寺
		基督教堂
		海源阁
	聊城市阳谷县	七级镇古街
		海会寺
		张秋清真东寺
		张秋清真南寺
		陈家老宅
		张秋山陕会馆

8.1.3 梁济运河段建筑文化遗产现状

大运河梁济运河段北起梁山县南至南阳湖，流经梁山县，汶上县，嘉祥县、任城区四个县市，目前尚存的建筑文化遗产分别在汶上县和任城区共13处（表8-3）。

表 8-3　梁济运河段建筑文化遗产分布

运河段	县市	古建筑
梁济运河段	济宁市汶上县	南旺分水龙王庙
	济宁市任城区	东大寺
		太白楼
		黄家街教堂
		吕家宅院
		浣笔泉
		潘家大楼
		慈孝兼完坊
		智照禅师塔
		礼拜堂教士楼
		铁塔
		声远楼
		僧王四合院

8.1.4　南四湖区段建筑文化遗产现状

大运河在南四湖区段分为上下级湖，上级湖从梁济运河入湖口到微山船闸，下级湖分为东西两支，西支由微山船闸到蔺家坝，东支从微山船闸到韩庄。南四湖区段流经台儿庄区、峄城区、任城区、鱼台县、微山县五个县区，目前尚存的建筑文化遗产仅在微山县和台儿庄区共10个（表8-4）。

表 8-4　南四湖区段建筑文化遗产分布

运河段	县市	古建筑
南四湖区段	济宁市微山县	南阳清真寺
		东西古街
		新河神庙
		吕公堂春秋阁
		仲子庙
		伏羲庙
	枣庄市台儿庄区	东大寺
		台儿庄清真古寺
		台儿庄清真南寺
		太和号及旁边商号
		山西会馆

8.2 建筑文化遗产资源类型的划分

大运河山东段沿线建筑文化遗产类型众多，本节根据其功能将此段建筑文化遗产分为 11 大类，分别为：

① 钞关建筑：设立在运河上的一种水上交通税收机构。

② 会馆建筑：不同地域的商业帮会在运河沿岸设立的商业会馆。

③ 军用建筑：军用建筑是军事设施之一，是用于军事用途的构筑物。

④ 藏书建筑：供藏书和阅览图书的建筑。

⑤ 民居商业建筑：用于人们居住和商业用途的建筑。

⑥ 纪念性建筑：用于纪念历史名人或历史事件的建筑。

⑦ 佛教建筑：与佛教活动相关的建筑，如佛教寺院、塔等。

⑧ 伊斯兰教建筑：与伊斯兰教相关的宗教建筑，是穆斯林群体举行礼拜等宗教活动的场所。

⑨ 基督教建筑：与基督教相关的宗教建筑。

⑩ 儒家文化建筑：与儒家文化传统活动相关的建筑。

⑪ 道教建筑：与道教相关的宗教建筑，常用以进行祀神、祝祷等仪式。

从表 8-5 可知，大运河山东段建筑文化遗产的类型上差异较大，道教、伊斯兰教、基督教等宗教建筑类型最多，共有 26 处建筑文化遗产，共占总数的 62%，远远多于其他类型。其中，伊斯兰教建筑共有 9 处建筑遗存，占总数的 22%，这是由于京杭大运河的贯通，尤其是从明代开始，穆斯林商人频繁出没在运河沿线的各港口城市，并来华定居，这些穆斯林商人是伊斯兰教传入运河的载体，对大运河山东段的宗教建筑产生了重要的影响（霍艳虹，2017）。

表 8-5 大运河山东段建筑文化遗产类别及建造时代统计（处）

时期	隋唐时期	宋金时期	明清时期	民国时期	合计
儒教建筑	1	—	1	—	2
道教建筑	—	1	5	—	6
佛家文化建筑	—	5	1	—	6

时期	隋唐时期	宋金时期	明清时期	民国时期	合计
基督教建筑	—	—	1	2	3
伊斯兰教建筑	—	—	9	—	9
钞关建筑	—	—	2	—	2
会馆建筑	—	—	3	—	3
民居商业建筑	—	—	6	1	7
纪念性建筑	—	—	2	—	2
其他建筑	—	—	2	—	2
合计	1	6	32	3	42

8.3 建筑文化遗产保护等级及保存现状

8.3.1 保护等级

大运河山东段沿线建筑文化遗产保护等级情况各有不同，通过实地调研考察遗迹以及查阅文献资料进行分析，其保护等级可分为国家级文物保护单位、省级文物保护单位、市级文物保护单位、县级文物保护单位以及非文物保护单位。

由表 8-6 可知，大运河山东段现存建筑文化遗产中尚有三分之一未列为文物保护单位。因为在建筑遗产保护上，不但要面临财力、物力、人力等问题，而大量的建筑文化遗产所在区县经济并不发达，政府和村民对建筑文化遗产的保护缺乏较高的意识，同时由于设立文物保护单位点必须征得所有人的同意，不能强制等问题，导致大运河山东段的建筑文化遗产文物保护的政策和制度保障堪忧。这表明文化保护普查工作及文化遗产的保护意识有待进一步加强。

表 8-6 大运河山东段建筑文化遗产保护等级统计

保护等级	建筑文化遗产数量（处）
国家级文物保护单位	8
省级文物保护单位	8
市级文物保护单位	5
县级文物保护单位	7
非文物保护单位	14

8.3.2 保护现状

根据实地考察和查阅资料，将大运河山东段建筑文化遗产的保护现状概括为以下五种类型：

① 建筑文化遗产原物保存良好，具有文化遗产原真性。

② 建筑文化遗产经过改建修复，保存状况较好，存在较高的科学研究价值。

③ 古建筑遗存被完全重建。

④ 古建筑遗存原物破坏严重。

⑤ 原物不存，仅剩遗址可考。

大运河山东段建筑文化遗产原物保存良好的仅占17%，保存较好的占62%，79%的建筑文化遗产依然具有较高的科学研究价值。其中，在原物保存良好及较好的古建筑遗存中仅有25%被列为国家级文物保护单位，原物破坏严重、原物不存及完全重建的古建筑遗存中有65%为非文物保护单位（表8-7），说明大运河山东段对建筑文化遗产的保护程度亟待加强。

表8-7 大运河山东段建筑文化遗产保护现状统计

保护现状	建筑文化遗产数量（处）
原物保存良好	7
经改建修复保存较好	26
完全重建	4
原物破坏严重	3
原物不存，仅剩遗址可考	2

8.4 建筑文化遗产与大运河的关系

以建筑文化遗产与大运河的关系为出发点，可以将大运河山东段沿线建筑文化遗产大致分为：与运河功能相关遗产（2个）、与运河历史相关遗产（24个）、与运河空间相关遗产（16个）三大类（俞孔坚，2012）。

① 历史相关：指的是由于大运河漕运、商贸等功能发展衍生而成的遗产。

② 功能相关：指的是与大运河的运转直接相关的遗产。

③ 空间相关：指的是空间位置靠近大运河文化遗产，是运河遗产的一部分。

大运河山东段现存的与历史相关的建筑文化遗产最多，空间相关次之，最少的是功能相关建筑文化遗产，仅剩两处。随着时代的发展，运河的建筑功能性逐步弱化，其功能建筑随之消失严重。其中，与历史相关的建筑以宗教建筑为主，不仅有中国本土的儒道释建筑，也有外来的伊斯兰教和基督教建筑，这表明了宗教对当地人的影响之深远，也表明了大运河流域的城市开放程度较高，对外来宗教文化的接受程度也较高（王树理，2001）；同时大运河不仅是运输的重要渠道，而且成为宗教文化传播的重要载体，在促进区域文化交流、融合、发展和城市开放等方面发挥着重要作用。

8.5 本章小结

本章对大运河山东段古建筑文化遗产进行了普查，初步整理建筑文化遗产资源总数 42 个，以聊城段、梁济运河段、南四湖区段为标准，将古建筑遗存按照河段及县区进行分布数量分析，建立大运河山东段建筑文化遗产资源数据库（附录1），发现尽管南四湖区段的台儿庄区遗产数量最少，但其发展利用的成果最为突出，说明其他拥有建筑文化遗产数量更多的区段，有必要进一步挖掘自身的建筑文化遗产资源潜力。

本章还尝试将各建筑文化遗产按照建筑类型、保护等级及保护现状、与大运河的关系三个方面进行分类整理，并对所呈现的数据差异进行统计分析。由建筑类型的数量分析可得，宗教建筑尤其是伊斯兰教的古建筑遗存数量最多，这体现了穆斯林商人在大运河贯通的影响下，散播范围极广，也体现了宗教对大运河沿线周边文化的重要影响；由保护等级及保护现状的数量分析可得，尚有三分之一的建筑文化遗产未被列入文物保护单位，保护现状数据也并不乐观，表明文化保护普查工作及文化遗产的保护意识有待进一步提高，对建筑文化遗产的保护也亟待加强；由大运河关系分类的数据分析可得，功能相关建筑最少，而历史建筑尤其是宗教建筑最多，说明随着时代的发展，大运河的建筑功能性逐步弱化，其功能建筑随之消失严重，也反映了宗教对当地人的影响之深远。

9 大运河山东段建筑文化遗产的时间维度格局

京杭大运河沿线建筑的出现，在一定程度上反映了各个历史时期政治、经济和文化的状况。本章研究京杭大运河山东段建筑文化遗产在建成时间上的动态特征，了解和把握时代变迁对运河山东沿线文化的影响，梳理出其发展历程和脉络，以揭示其流变规律，明确其主导影响因素和驱动发展机制，为其保护和可持续发展策略研究奠定基础。

9.1 建筑文化遗产类型的时间维度特征

通过对不同时期建筑遗存的梳理（表8-5），可以发现，大运河山东段沿线，从隋唐时期到明清时期各个时期遗存的建筑文化遗产数量随着时间的推移而逐渐增加，民国时期则骤减。这一现象一方面反映了年代越久远，遗存下来的建筑遗产就越少。另一方面，受到不同时期大运河发展的情况影响较为明显，明清时期是京杭大运河发展最为兴盛的阶段，沿线城镇较为发达，因此该时期沿线古建筑遗存数量骤增，而清末随着漕运的废止，大运河的地位一落千丈，沿线因大运河兴盛的城镇聚落活跃程度降低，再加之战乱不断，影响了民国时期的建筑文化遗存数量。

从建筑类别的动态变化来看，研究区域内现存的儒家文化建筑历史最久，主要集中在南四湖区段及梁济运河段。建于隋唐时期的微山县仲子庙是这一时期唯一遗存下来的建筑（表9-1）。儒家思想起源于山东，且其正统地位从未动摇，这可能是导致儒家文化建筑在大运河山东段沿线依然能够找到遗存的主要原因。

表9-1 三个区段儒家文化建筑在不同时期的数量分布（处）

时期	聊城段	梁济运河段	南四湖区段
隋唐时期	—	—	1
宋金时期	—	—	—
明清时期	—	1	—
民国时期	—	—	—

研究区域内现存的现存的道教建筑和佛教建筑数量相当，且主要建于宋代至清代，其中，道教建筑遗产中历史最久的是宋金时期建造的，建于明清时期的居多，主要集中在南四湖区段及聊城段（表9-2）。明代道教的显著特征是世俗化和民间化，该时期道教建筑数量激增，因此道教建筑在明清时期所存的建筑文化遗产数量较多。佛教建筑建于宋金时期的居多，主要集中在聊城段及梁济运河段（表9-3），宋金时期佛教大繁荣，尤其是禅宗的出现进一步推动了佛教的世俗化和民俗化，建立众多佛寺禅院。研究区域内现存的基督教和伊斯兰教建筑等西方宗教建筑类型则都建于明清以后，其中，基督教建筑主要集中在聊城段及梁济运河段（表9-4）；相比之下，伊斯兰教建筑是其三倍，主要集中在聊城段及南四湖区段（表9-5），明清以来大运河山东流域伊斯兰教传播之兴盛可见一斑。

表9-2 三个区段道教建筑在不同时期的数量分布（处）

时期	聊城段	梁济运河段	南四湖区段
隋唐时期	—	—	—
宋金时期	—	—	1
明清时期	2	—	2
民国时期	—	—	—

表9-3 三个区段佛教建筑在不同时期的数量分布（处）

时期	聊城段	梁济运河段	南四湖区段
隋唐时期	—	—	—
宋金时期	2	3	—
明清时期	1	—	—
民国时期	—	—	—

表9-4 三个区段基督教建筑在不同时期的数量分布（处）

时期	聊城段	梁济运河段	南四湖区段
隋唐时期	—	—	—
宋金时期	—	—	—
明清时期	1	—	—
民国时期	—	2	—

表 9-5　三个区段伊斯兰教建筑在不同时期的数量分布（处）

时期	聊城段	梁济运河段	南四湖区段
隋唐时期	—	—	—
宋金时期	—	—	—
明清时期	5	1	3
民国时期	—	—	—

　　研究区域内现存的钞关建筑和会所建筑遗产的数量有限，均始建于明清时期。其中，钞关建筑只存在于聊城段（表 9-6），明朝时开始在大运河设立钞关，但因航行不便等问题，最终只余临清两处，因此，钞关建筑的遗存数量与漕运商业税收制度的兴废有关。会馆建筑遗产主要集中在聊城段及南四湖区段（表 9-7），自明代运河商业逐渐发达，商业会馆建筑的遗存数量与大运河商业发展状态有关。

表 9-6　三个区段钞关建筑在不同时期的数量分布（处）

时期	聊城段	梁济运河段	南四湖区段
隋唐时期	—	—	—
宋金时期	—	—	—
明清时期	2	—	—
民国时期	—	—	—

表 9-7　三个区段会馆建筑在不同时期的数量分布（处）

时期	聊城段	梁济运河段	南四湖区段
隋唐时期	—	—	—
宋金时期	—	—	—
明清时期	2	—	1
民国时期	—	—	—

9.2 影响时间维度的因素

9.2.1 社会思想与宗教传播

　　大运河山东段与儒学相关的古建筑遗存只余两处，即仲子庙和僧王四合院，位于济宁的微山县和任城区，分别建于唐朝和清朝。自汉武帝确立了儒学的正统地位以来，儒家思想逐渐成为华夏固有价值系统的一种表现，经历了魏晋南北朝时期佛教和道教的强烈冲击，到隋唐时期，儒学思想再次回归主流地位。宋代随着统治者对道教的推崇以及佛教禅宗的盛行，儒学亟待复兴，逐渐形成了以儒学为基础，融合佛教与道教思想的"新儒学"——宋明理学，成为宋明以来占主导地位的儒家哲学思想体系。到民国时期前，儒学一直备受推崇。直到1911年辛亥革命后，全国各地的文庙建筑随着连年战乱逐渐衰落，成为历史遗迹（柳雯，2008）。因此，隋唐以来儒家思想的主导地位，使得仲子庙成为大运河山东段唯一保存下来的唐代古建筑遗存；而道教和佛教相关的建筑遗存有12处，其中，有6处是宋金时期所建，5处为明代所建，也反映了宋金以来佛教的盛行以及明代道教的全面世俗化。

　　基督教首次在中国传播集中在唐都长安区域，传入山东可追溯到元朝，后随着元朝灭亡而几乎绝迹。明朝基督教再次传入山东，并且取得了较大的成功；1720年，清康熙帝宣布禁教，基督教会传教士改为秘密地在山东进行传教，因此，清代之前并没有留下基督教相关古建筑遗存。1840年鸦片战争后，清政府被迫签订一系列不平等条约，其中包括了保护基督教在中国的传教活动。由此，基督教在山东的传教活动开始逐渐恢复，允许建立教堂、墓地，并正式获得传教自由，因此，大运河山东段现存基督教相关的古建筑主要包括位于聊城的基督教堂以及位于济宁的黄家街教堂与礼拜堂教士楼，分别建于清代和民国时期。1897年"巨野教案"后，教会势力的重心转移到鲁南的核心地带济宁，济宁成为圣言会在中国传教的中心，由此济宁的基督教古建筑遗存较多（王谦，2016）。

伊斯兰教最早是从隋唐时期开始引入至中国，唐宋时期是初始阶段，当时的海外贸易十分发达，伊斯兰教也随着穆斯林商人传入中国。元明清时期是伊斯兰教发展壮大的重要时期，京杭大运河的贯通，使经商的穆斯林商人频繁出现在运河沿线各大城市。元代穆斯林商人已遍及全国，到明清时期，穆斯林商人的经营范围逐步扩张，在各行各业均有涉猎，他们通过京杭大运河往返于南北各地，并集中居住在运河沿线的各大重要城镇（赵鹏飞和赵静好，2018），大量建造伊斯兰教建筑，留下了众多建筑文化遗产。大运河山东段伊斯兰教建筑遗存有 9 处，其中建于明朝的有 8 处，分布于聊城、济宁以及枣庄的运河文化古镇。

9.2.2 经济与商业活动

首先是税收制度。明朝时，便有了在重要交通线路上设置关卡收税的制度。南北大运河贯通后，运河演变为南北最重要的运送漕粮和货物的商路，因此，钞关便移至运河沿线。在明永乐年间，山东运河沿线设立了四处钞关，分别在济宁、东昌、临清和德州。后来由于水源不足航行困难等原因，为了使船只来往方便，取消了除临清以外的其他钞关。山东运河沿线税收的减少促进了商业和交通运输业的发展和繁荣。进入清朝以后，通关税额开始下降，直到清末建立了海关，再加上运河的淤废，使临清钞关税额连年下降，直到 1930 年，具有 500 年历史的临清钞关被停办废弃（赵鹏飞和赵静好，2018），导致京杭大运河山东段现存与漕运相关的建筑遗址仅余临清钞关和临清魏湾钞关两处，皆建立于明朝。

其次是商业活动。明清时期，京杭大运河的贯通极大地促进了商品经济的发展，长途的商品贩运活动频繁，致使全国各地的商帮纷纷在京杭大运河沿线建造商业会馆，成为大运河商业发展的历史见证。在山东运河流域，明代为徽商迅速壮大的巅峰阶段，但至清代以后势力便逐渐衰弱，因此遗留至今的会馆建筑遗存数量较少。到清代，晋商在山东运河流域商业中占有重要的地位，其势力基本占据了中国的北方市场，在济宁、台儿庄等运河重镇都留下了大量的商业会馆，现存主要有三处：位于聊城东昌府区的山陕会馆、位于阳谷县的张秋山陕会馆以及位于台儿庄的山西会馆。但在民国时期以后，京杭大运河逐渐衰落，城市出现了新的商业组织，运河商业会馆便从此走向消亡。

9.3 本章小结

本章对大运河山东段建筑文化遗产的时间分布格局进行了研究。首先分析了聊城段、梁济运河段、南四湖区段分别在隋唐时期、宋金时期、元明清时期以及民国时期四个时期的数量分布，发现建筑文化遗产数量从隋唐时期到明清时期随着时间的靠近而增加，而民国时期骤减。分析得出两方面的原因：一是由于年代越久远古建筑遗存越难保存，因而所留存的建筑文化遗产越少；二是由于受大运河发展状况的影响，明清时期最为兴盛因而所留存建筑文化遗产较多，清末没落后民国时期所留建筑文化遗产较少。

本章对建筑类型的时间维度特征及其影响因素进行了探究，从社会思想与宗教传播、制度与商业活动两个方面研究了建筑文化遗产的产生、发展与大运河山东段之间的关系与影响。从建成时间上分布看，年代越久远，所遗存的古建筑越少，运河发展越繁荣，所遗存的古建筑越多。从建筑类型的流变性看，宗教建筑遗存的主导影响因素是社会思想与宗教传播，即政治和文化因素，其分布状态取决于该宗教在运河流域兴起、传播和繁荣的历史、统治者对各种宗教的政策以及民众对宗教的接受程度；钞关的出现和湮没与税收制度的兴起和废弃直接相关，即制度因素发挥了决定性作用；不同时期商业会馆建筑的分布，则取决于运河沿线商业活动的繁荣与没落等经济因素。

10 大运河山东段建筑文化遗产的景观空间格局

京杭大运河建筑遗存地理分布的差异性，在一定程度上反映不同区域自然环境、社会经济和历史人文的状态。本章通过对当代京杭大运河山东段建筑文化遗产空间上的横向对比分析，探究自然环境和人文等因素对山东段运河建筑文化遗产的影响，明确大运河山东段古建筑的资源比较优势及其在整个运河文化带格局中的定位，为制定差异化发展对策奠定基础和依据。

10.1 建筑文化遗产的景观空间格局特征

由表10-1可知，儒教建筑在梁济运河段和南四湖区段各1处，佛教建筑在聊城段和梁济运河段分别有3处，伊斯兰教建筑聊城段分布最多，有5处，基督教建筑梁济运河段分布最多，有2处，反映了各区段之间不同宗教传播与兴盛的差异；会馆建筑聊城段有2处，南四湖区段1处，反映了各区段商业活动的繁荣程度；钞关建筑仅聊城段有2处，反映了聊城段在运河中地理位置的重要性；军事建筑只有聊城段有1处，则是受到聊城当时军事要地属性的影响。总体上，聊城段的建筑类别比较齐全，而且建筑遗存的数量最多。聊城段主要包括临清市、东昌府和阳谷县三个县级区域。其中，临清市自元代会通河通漕之后，成为漕运咽喉之地，经济因此快速发展，明代钞关的设置，促进了商业的繁荣，使其迅速成为商业中心，穆斯林商人在此阶段活动频繁；东昌府则是政治中心城市，也是军事要地，过境贸易也很发达，各省商贾云集，明初就已成为京杭大运河沿线商业比较发达的城市之一；阳谷县张秋镇位于会通河和大清河的交汇处，在清代未受黄河干扰时，经济十分繁荣，商业活动发达。

表 10-1　大运河山东段建筑文化遗产建筑类别及景观空间分布统计（处）

建筑类别	聊城段	梁济运河段	南四湖区段	合计
儒教建筑	—	1	1	2
道教建筑	2	1	3	6
佛教建筑	3	3	—	6
基督教建筑	1	2	—	3
伊斯兰教建筑	5	1	3	9
钞关建筑	2	—	—	2
会馆建筑	2	—	1	3
民居商业建筑	2	3	2	7
纪念性建筑	—	2	—	2
军事建筑	1	—	—	1
藏书建筑	1	—	—	1
合计	19	13	10	42

10.2　影响景观空间格局的因素

10.2.1　运河区位与功能

1）聊城段

聊城段包括临清市，东昌府区以及阳谷县。

临清的地理位置原本并不重要，但自元代以后，随着会通河的开通，在会通河与卫河的交汇之处逐渐形成了会通镇。明代临清迁址至此，形成了现在的临清市。因此，位于两河交汇处的临清，成为了大运河航线上的重要节点，为漕运咽喉之地。明永乐年间移都北京后，又移德州仓于临清永清坝，宣德中，又增造临清仓，容三百万石（牛会聪，2011）。可见，明代时期的临清十分发达。在弘治二年（1489）被升为临清州，钞关税额增加，临清的商业得到了进一步的发展。由此可见，会通河的开通对临清的经济发展起着举足轻重的作用。

东昌府是会通河沿线唯一的府级政治中心城市，拥有非常发达的过境贸易。在清朝时期，聚集了全国各省的商贾在此贸易，是会通河流域重要的商贸城市，南北漕运货贸十分发达。在明朝时期，城内有用于军事的高楼，还有府衙、县署及庙宇等建筑，从其规模可以看出，东昌府当时是区域中心城市，同时也是军事要地（霍艳虹，2017）。尽管由于地理位置等因素，聊城的经济发展不及临清和济宁，但也由于大运河的开通，商业得到了较大的发展，明初时就已经成为大运河沿线商业较为发达的城市。清代中期以后，临清的商业状态逐渐衰落，聊城的商业规模却日益繁荣，在此期间建立了众多商业会馆，但除山陕会馆以外，其他均在 20 世纪拆除。聊城在清朝后期逐渐取代临清，成为山东运河北段最重要的商贸城市。

在明清时期，张秋镇（位于今聊城市阳谷县）位于济宁和临清之间，被会通河流经。在明代与清代深受黄河水患之扰，曾多次被冲毁。直至清代，黄河干扰减少，张秋镇的经济才得到了发展。在大运河航线的影响下，济宁和临清的商人涌入这里，商品汇聚，贸易繁荣，张秋镇人口也急剧增加，其规模迅速扩张，其商业发展程度仅次于济宁和临清。

2）梁济运河段

梁济运河段包括济宁市任城区及汶上县。

济宁地处两大水系之间，湖河环绕，地理位置优越，交通便利。从南北朝时期开始，济宁便是郡县治所，到了唐朝，更是繁荣了 200 多年。自元代运河开通后，在运河北岸的济宁，更是兴建繁荣，且治所连连升格。济宁位于大运河沿线的重要位置，因此成为南北货运和漕粮运输的中转站。元代后，运河商业的繁盛促进了沿线地区的发展，先后形成和崛起了许多市镇，形成了沿线著名的九镇：安山镇、靳口镇、袁口镇、南旺镇、长沟镇、鲁桥镇、南阳镇、谷亭镇、夏镇。京杭大运河给济宁留下了众多的历史文化遗存。

明代迁都北京以后，政治中心北移，会通河的通槽便成为当务之急。南旺（位于今济宁市汶上县）位于会通河段的最高处，地势较高使其自然水流不畅，导致船只搁浅，使河段难以贯通。永乐九年（1411），坐镇济宁的工部尚书宋礼深入了解运河沿线水系、地形，积极访问群众并采纳建议，从而形成了举世闻名的南旺分水枢纽工程。

因此，南旺镇在运河沿线拥有极为重要的地位，对漕运有着巨大的影响。到了清朝，设置了汶上县南旺分县，使南旺镇规模逐步扩大，南旺分水龙王庙建筑群也逐渐形成，但令人惋惜的是，在 20 世纪 70 年代遭到严重毁坏。

3）南四湖区段

南四湖区段包括枣庄市台儿庄区以及济宁市微山县。

台儿庄运河位于苏鲁边界区域，是明万历二十一年（1593）起至万历三十二年（1604）止、历时十余年的京杭大运河四次改道工程的重大成果（杨倩，2018）。漕运畅通，台儿庄成了水陆码头，到清康乾年间，台儿庄运河漕运达到鼎盛时期，人流、物流空前活跃，各地商人云集于此，河道舟楫如梭，一派繁荣景象。帝王巡游、民间文化、漕运经济、酒食习俗等积淀形成了丰富深厚的运河文化。1938 年的台儿庄战役将这一运河古镇变成了一片废墟。幸运的是，这段古运河被保存了下来，并且留下了一些宝贵的历史文化遗产。

南阳古镇（位于今济宁市微山县），在明代曾被称为四大运河名镇之一，已有 2 200 年的历史。南阳古镇是一个典型的岛屿小镇，四面环水，也被称为南阳岛。元代南北运河航行后，南阳成为运河的重要商业港口。大运河穿岛而过，南阳镇成为过往渔船、酒船、运粮船的码头，被称为"江北小苏州"。清康熙帝、乾隆帝在南巡时曾多次在南阳古镇落脚，康熙帝曾亲题"南阳镇"三字，乾隆帝就餐的"御膳房"也至今留存。明清时期，众多文人墨客在历经南阳之时，也留下了许多歌颂其美景繁华的诗章。

10.2.2 区域发展与历史

唐代唯一的一个古建筑遗存位于济宁；明代临清和济宁建造了大量的建筑文化遗产，东昌府和台儿庄次之；到了清代，阳谷县建筑数量骤增，济宁依然拥有一定数量的建筑文化遗产；到了民国时期，新建的建筑文化遗产都位于济宁。

济宁自唐朝开始兴盛 200 余年，元代大运河开通以后更是成为重要的客货交汇与漕粮运输的中转站。同样，聊城自运河开通后，临清成为商业中心，东昌府虽不如临清济宁繁荣，但同样为大运河沿线商业比较发达的城市。因此，济宁与聊城的古建筑遗存数量相差不大。

台儿庄的兴起与明朝台儿庄运河的建造有关，到清康乾年间，台儿庄运河漕运达到鼎盛时期。但台儿庄战役将古镇毁于战火，古建筑遗存所剩无几。这是枣庄市保存现状远不如济宁和聊城的主要原因。

10.3 本章小结

本章首先从整体空间格局对大运河山东段建筑文化遗产的地理分布概况进行了分析，并以地理位置及其在运河中的功能和区域发展历史两方面对地理分布的因素进行了分析。

大运河山东段建筑文化遗产的空间分布格局主要取决于区域与运河之间的地理关系、外界政治因素引发的各地区历史演变等。其中，宗教建筑、会馆遗存、钞关建筑、军事建筑等建筑类别上遗存的分布，取决于与运河之间的地理关系以及由此产生的功能区划。而不同建成时期建筑的空间格局则取决于该区段的建成与通航历史、外界政治因素引发的地区历史演变以及文物保护方面的意识和政策等，即主要影响因素为历史因素和政治因素。

11 大运河山东段建筑文化遗产保护传承利用策略

11.1 保护传承利用现状

11.1.1 聊城段

大运河东昌府区沿线拥有丰富的历史文化遗产，目前在老城区建成了仿古建筑商业区，古城区的开发重点在于新建的仿古建筑，设计和施工细节优异，新建的街道景观与古建筑景观融为一体。但是，在没有深入调研、考证的情况下，拆真建假，古城的改造不仅拆除可影响整体历史风貌的建筑，还将古城内大部分古建筑及街道拆除，取而代之的是仿古建筑，并且对仅存的古建筑遗迹本身的保护发展也比较有限。例如海源阁，作为重点文化古迹完全没有开发亮点，院内疏于管理，只在隔壁开放了一个海源阁图书馆可供居民使用，但并无与海源阁藏书等相关内容（图 11-1～图 11-4）。

图 11-1 东昌府古城区（姜姗 摄）

图 11-2 光岳楼（姜姗 摄）

图 11-3 东昌府古城区新建商铺（姜姗 摄）

图 11-4 海源阁（姜姗 摄）

除了古城区，聊城市也对其他区域运河沿线的重要文化遗迹进行了保护，例如重点打造修缮大码头街南端的山陕会馆（图 11-5），并且建设了中国运河文化博物馆。位于小礼拜寺街的铁塔原貌保护较好（图 11-6），一侧建成兴隆寺。阳谷县重点打造七级运河古镇（图 11-7），对大运河沿线商户进行仿古改造的同时，对七级码头以及古街进行维护。

图 11-5 聊城山陕会馆（姜姗 摄）　　　　　图 11-6 聊城铁塔（姜姗 摄）

图 11-7 七级镇古街（姜姗 摄）

11.1.2 梁济运河段

沿大运河的济宁段有许多文化遗产节点。东大寺附近街区的开发较有特色，周边民俗街区不用于旅游商业用途，而是居民店铺居多，但建筑风格依然独具特色（图 11-8）。吕家宅院建筑墙体被重新漆刷，不复古色古香之感，完全用于商业（图11-9）。而浣笔泉则尚未进行开发，比较简陋（图11-10）。目前太白楼附近运河两岸基本都是仿古建筑，各种店铺林立，商业活动非常兴盛（图11-11）。黄家街教堂及礼拜堂教士楼都保存较好，依然进行着宗教活动。在济宁博物馆内，收纳了铁塔、声远楼和僧王四合院等建筑文化遗产。

图11-8　东大寺附近街道（姜姗 摄）

图11-9　吕家宅院（姜姗 摄）

图11-10　浣笔泉（姜姗 摄）

图11-11　太白楼古碑（姜姗 摄）

11.1.3　南四湖区段

台儿庄古城经过复建之后，传统建筑制作考究，风格各异，真实再现了当年古城的繁荣景象，对历史文化遗产进行了良性利用，具有较高的文化、生态、经济等综合价值。清真古寺（图11-12）和山西会馆（图11-13）以及各种商号等历史建筑都纳入古城范围内，进行一体的保护与开发。

图 11-12　台儿庄清真古寺（姜姗 摄）

图 11-13　台儿庄山西会馆（姜姗 摄）

此外，南四湖区段的济宁市微山县正在开展南阳古镇综合开发项目，主要是针对古建筑群的保护与修缮，同时对大运河湖中运道以及高速路口服务区、接待中心等配套设施进行一体化打造，致力于将南阳古镇打造成集古镇休闲、运河观光、旅游服务等多方面体验于一体的优秀景区。

11.2　台儿庄古城案例分析

11.2.1　台儿庄古城的文化遗产构成

在历史上，台儿庄是大运河沿线的重要城镇，商业繁华，人才聚集，多种文化在这里交流碰撞，遗留下众多历史文化遗产，成为大运河历史文化价值的重要载体。同时，作为台儿庄战役的主战场，战争在台儿庄古城留下了宝贵的具有极高价值的痕迹，大战旧址已被列为国家级文物保护单位。

1）运河遗产

台儿庄在大运河拥有举足轻重的地位，是南北商业贸易的重要中转地。因此古城内留下了众多与运河相关的历史遗迹，尤其是明清时期遗留下来的运河驳岸长 3 千米，保存完好（张琳，2015）。除此之外，运河沿线还保留了山西会馆、商号以及清真古寺等建筑文化遗产，拥有特色的景观历史风貌，是运河遗产的重要内容。

2）城池遗产

历史上台儿庄城池的形态比较完整，尽管古城墙早已不存在，但从老照片中可以依稀辨认出古城的原始风貌。台儿庄古城内水巷四通八达，与古城外部大运河相连通，其水路系统和街道空间在古城的生态环境中发挥了积极作用，具有很高的历史文化价值。

3）战争遗产

古城是台儿庄战役的主战场，这场战役为台儿庄古城留下了53处战地遗址，包括进攻路线遗址、战役节点遗址和巷战遗址（张琳，2015），它们共同见证了我国在抗日战争中取得的辉煌胜利。虽然大多数遗址已不复存在，但在关帝庙和清真寺一带保存较好，某些建筑物的墙壁上仍然可以看到残留的子弹痕迹。

11.2.2 台儿庄古城的复建与活化方式

台儿庄不仅仅是大运河历史重镇，而且还经历了战火的重创，因此，针对古城内的文化遗产制定科学的保护与发展策略，寻找合理的复建与活化方式，可使其珍贵的历史价值得到最大程度地传承与延续。复建后的台儿庄古城真实地再现了运河古城的繁荣景象，成为一个综合价值较高的历史文化名胜。

1）追溯历史，保存古迹

经过严谨的调查研究，对古城遗址的历史痕迹进行最大程度地保留。除了完整保留在明清时期所留存下来的运河驳岸，还有码头、建筑遗存以及台儿庄战役的战争遗迹，对古城的水陆框架也进行了保留。通过走访城内的老人，确认水陆空间的布局，建筑的用途及功能，邀请行内专家，确定建筑的造型与结构。台儿庄古城的复原过程遵循科学严谨、力争求真的原则，最终完成了"台儿庄古城胜迹复原图"，初步解开了古城的历史面纱（图11-14～图11-16）。

图 11-14　台儿庄古城之水陆景观（张剑 摄）

图 11-15　台儿庄古城复原图局部 1（张剑 摄）

图 11-16　台儿庄古城复原图局部 2（张剑 摄）

2）复原古城，再现历史

作为台儿庄战役的主战场，古城经历了战火的重创，大量历史遗存在战争中湮灭，只余不到 10% 的历史遗存幸免于难。复原古城的要点就在于如何再现历史。对于那些被严重毁坏但尚有遗迹的古遗存，严格按照历史原貌进行恢复，对那些遗址不存的古建筑遗存，需要严谨地按照史料信息，确认其真实风格及用途进行复建，在施工过程中，使用传统的材料及施工技法，力争再现其真实的历史风貌（图 11-17）。在抗日战争中，台儿庄战役是中国军队在正面战场上的第一次胜利，它向世界、向历史展现了中华民族的奋勇精神。对经历过战争洗礼的台儿庄古城进行复建修复，不仅对国共第二次合作的历史性时刻具有纪念价值，而且有利于增强两岸同胞的民族归属感。

图 11-17　台儿庄古城延续整体历史风貌（隋艳晖 摄）

3）更新功能，传承历史

台儿庄古城位于京杭大运河中部，汇集了南北的人流物流，这使台儿庄成为一座多元文化交融的历史文化名城。因此，台儿庄古城内的建筑拥有多种风格样式，不仅拥有北方建筑的厚重，而且糅合了南方建筑的柔美，形成了刚柔并济、风格交融的建筑特色。修复后的台儿庄古城再现了明清时期运河古城的独特历史风貌。古城内传统建筑种类呈现多元化（图11-18），同时，引入了现代生活的设计元素，在城内设置了星级酒店、公园、酒吧、咖啡厅等，丰富了古城的商业运作（图11-19）。台儿庄地区有许多非物质文化遗产，因此，在古城内设置了大运河非物质遗产博览园（图11-20），放置在船形街道中，街道两侧的建筑物是非物质文化遗产展示区，集中展示了颇具民族特色的产品和手工艺品。

图11-18 台儿庄古城传统建筑多元化（隋艳晖 摄）

图 11-19　台儿庄古城传统风貌下的现代生活（隋艳晖 摄）

图 11-20　台儿庄古城内的大运河非物质遗产博览园（隋艳晖 摄）

11.3 大运河山东段建筑文化遗产面临的主要问题

通过调研和景观地理视角的分析，不难发现，大运河山东段的建筑文化遗产资源禀赋丰富，多元化的建筑风格蕴涵着宗教文化、会馆文化、民俗文化和历史文化等多种文化类别，其时空格局的形成是政治、经济和文化等多种因素综合作用的结果，具有重要的文化和历史价值。

随着大运河申遗的成功，运河沿线建筑遗产资源保护与利用受到越来越广泛的重视，尤其是以台儿庄古城为代表的古城复原工程，在传承运河文化方面发挥积极的作用。台儿庄古城位于京杭大运河中部，南北文化汇集，成为一座多元文化交融的历史文化名城。古城复原工程经过科学严谨的调查研究，最大程度地保留了古城遗址的历史遗迹，再现了明清时期运河古城的独特历史文化风貌。

但从保护等级和现状来看，大运河山东段现存古建筑遗存中，被列为国家级和省级文物保护单位的仅有 8 处，被列为市级和县级文物保护单位的共有 12 处，尚有三分之一未列为文物保护单位。从建筑遗存保护的现状来看，原物保存良好的仅 17%，保存较好的占 62%，即 79% 的建筑文化遗产依然具有较高的科学研究价值。其中，在原物保存良好及较好的古建筑遗存中仅有 25% 被列为国家级文物保护单位，原物破坏严重、原物不存及完全重建的古建筑遗存中有 65% 为非文物保护单位。因此，大运河山东段对建筑文化遗产的保护意识和措施亟待加强。另一方面，在总体规划上缺乏统筹，大运河建筑遗产承载了丰富的历史文化内涵，是延续的、变化的、整体的，其传承与发展不能以行政区划为单位，而应统筹兼顾，带动沿线诸多区域开展协同创新。其策略取决于各区域所固有的文化传承，而必然呈现出多元化和差异化的发展趋向。

11.4 大运河山东段建筑遗产的保护与更新策略

11.4.1 保障策略

① 加强政策引导，完善相关法律法规。大运河山东段跨越三座城市、七个县区，沿线所存的古建筑遗存数量庞杂，类型多样且历史悠久，其保护难度远比一般的文化遗产要高。必须从整体层面上，制定科学合理的政策引导地方政府加强遗产保护与统筹，并运用法律手段提供有力的保障。

② 提高社会全民参与意识。大运河在申遗成功之前，与国外大型水利工程遗产的保护程度形成强烈反差，随着城镇化进程不断深入，对大运河沿线的建筑文化遗产的人为破坏尤为严重。民众的保护意识至关重要，应通过加大宣传力度，向民众传播大运河文化遗产保护的知识，提倡用理性的态度审视文化遗产，提高社会全民自发的保护意识，使全社会在自觉参与的过程也发挥出民众监督的作用。

③ 加强科学研究，强化学术引领，设置历史文化红线，严格控制景观风貌，避免决策失误导致的运河沿线城市形态、城市面貌和城市文化趋同现象。深入挖掘大运河景观文化基因，恢复和保护文化多元性，解决好遗产保护与发展过程中的"人地关系"矛盾，确保文化遗产与社会、经济、文化和生态的协调发展，提升区域文化的核心竞争力。

④ 基于全域视角对大运河进行价值判断，制定并实施跨行政界线的全流域整体发展策略。以全域的视角挖掘京杭大运河的历史价值和潜在价值，明确大运河山东段的资源禀赋、比较优势及其在整个运河文化带格局中的定位，有利于大运河遗产在空间和时间格局上的延续和发展，打破大运河各省各区段的保护与利用不均衡以及重复建设的局面，整体提升京杭大运河的生态环境，促进区域协调发展，传承历史文化，推动经济发展，形成特色鲜明、底蕴深厚的运河生态文化经济带。

11.4.2 创新策略

1）建立历史文化街区

临清有深厚的历史文化底蕴，拥有浓郁的传统习俗文化，各民族相处和谐，安居乐业。其中，伊斯兰教清真寺建筑群拥有极高的历史文化价值，清真北寺与清真东寺分别位于桃源街东西两侧，周边是颇有影响的回族聚居地，也是目前大运河山东段沿线伊斯兰教建筑群落较大的区域之一，具备了构建民族风情历史文化街区的优势和先决条件。通过民族风情历史文化街区的打造，重点保护其遗存的传统格局，并改善综合服务性设施及市政基础设施，利用建筑风格及环境色彩来体现区域数百年的历史文化积淀，成为传播和展示民族文化交融成果的重要途径，产生更大的经济效益、社会效益和文化效益。

此外，明清时期的七级镇古街受运河运输影响，成为阳谷东部重要的水运枢纽和货物集散中心，日益繁荣。目前仅运河沿岸有所残留，街巷宽2.2米，残长200余米，街道上仍可见旧有板房（朱年志，2017）。有祠堂、街道、茶馆、商铺等古建筑遗存，周边为传统村镇，环境协调性较好，有利于综合梳理街巷现有资源，通过景观重构建设历史文化街区，在保护的前提下传承本土文化，针对城市发展产生的新需求探索更新的有效途径，制定相对应的策略，实现历史街区的可持续发展。

2）复原古城

台儿庄古城的复原工程已成为大运河山东段文化复兴的重要组成部分，是延续与发展大运河文化遗产的典型案例之一。尽管台儿庄古建筑遗存并不多，只有清真古寺、清真南寺、山西会馆以及一些商号，但传统水系与街道空间机理保存完整，同时运河驳岸、运河码头的古遗存较多，通过古城复原，保护古城历史遗迹的同时，激发内生动力，促进第三产业的经济发展，并伴随着文化产业新业态的诞生。聊城东昌府区可以借鉴这一模式，以位于古城中央的光岳楼作为聊城古城最核心的建筑文化遗产，最大限度地保护古城的核心空间格局，展现出古城传统的风俗风貌，同时根据资源禀赋，凝聚适应时代发展需求的文化产业特色，打造京杭大运河山东段文化创新的新引擎和新亮点。

3）建立遗址公园

历史遗址或遗迹是构建遗址公园的前提，其第一要旨就是对遗址历史价值和文化价值的保护与再现。根据遗址类型与现状的差异，综合考虑各个因素选择适当的设计思路，不仅要具有科普教育的功能，以传承其所承载的历史文化价值，还要考虑其休闲游憩功能，以改善居民生活，增添城市活力。最为关键的是传承创新中华优秀传统文化，提升城市文化品牌和文化竞争力。

大运河山东段是天然的"中国自然地理教科书"，还是历史文化教育的重要资源，具有极其重要的教育价值（朱隽和钱川，2007）。临清运河钞关为全国仅有的一组钞关建筑群，对研究当时的税收制度和经济状态等均有重要的参考价值（向福贞，2009）。建设临清钞关遗址公园，一方面可以以博物馆的形式再现钞关的历史功能与经济繁荣的景象，实现科普功能；另一方面可以增强民众对历史的体验感和对文化遗产的认知感，提高社会对京杭大运河沿线文化遗产的保护意识。

11.4.3 驱动策略

1）树立文化自信

文化自信是创新的驱动力，是衡量社会文明发展的人文标杆与精神尺度，是增强民族凝聚力、全民创造力，提供精神动力与人文支撑的源泉（赵宴彪，2018）。牢固树立文化自信，必须认同自己的民族文化，才能有效激发传承与创新优秀传统文化的内生动力，切实把自身的文化建设好，这也是京杭大运河文化遗产保护与发展的基础。

2）发展文化创意产业

随着新旧动能转换的日益推进，山东省将扩容倍增新兴产业，改造提升传统产业，文化创意产业作为山东的十大动能产业之一，备受重视。文化创意产业与建筑文化遗产保护的融合，不但可以更有效地提高对其价值的有效保护，还可以探索出一种继承文化，促进经济转型发展的新方式。遵循大运河文化发展的内在驱动机制，结合山东区域的比较优势，制定最适宜的文化产业创新驱动发展策略，明确大运河文化景观遗产在山东文化产业发展中所发挥的关键作用，构建大运河不同区段文化产业的差异化发展以及多元文化格局体系。

3）基于国家形象塑造的文化遗产的数字化保护与互联网传播平台

作为世界文化遗产，京杭大运河的国际传播，有利于提升我国文化的影响力，塑造大国形象。在深入分析新形势下国家形象塑造和文化软实力内涵的基础上，探索这一目标对大运河文化遗产数字化保护的新需求，从数字化手段、管理与传播途径等方面科学评估并不断完善其设计与展示方案，通过互联网建立文化遗产数字化传承平台，依托大数据开展大运河历史文化遗产的动态数据库建设，实现优质资源网络共享，并用于实践环节的指导与优化，成为提升我国文化竞争力的重要途径。

11.5　本章小结

本章对大运河山东段建筑文化遗产的发展现状进行了分析，并以台儿庄古城为实例，着重分析了台儿庄古城的文化遗产构成以及复建方式，得出台儿庄运河古城的复建对传承运河文化，纪念战争历史以及为保护文化遗产提供借鉴方面，都具有重要的参考意义。

根据大运河山东段沿线建筑文化遗产的不同特点，建议临清清真北寺与清真东寺联合打造成民族风情历史文化街区，七级镇古街打造成历史文化街区，在规划中需传承当地的文化特色，并针对城市发展产生的新需求制定相对应的策略，实现历史街区的可持续发展；将台儿庄古城以及聊城东昌府区古城进行古城复原，以最大程度保持古城历史遗迹原真性的同时，促进第三产业的经济发展；将临清钞关打造成钞关遗址公园，让社会公众对运河建筑文化产生更多的认知与了解，并领会其深厚的历史文化内涵，这有助于大运河各项历史文化遗产价值更深层次的体现。

12 研究结论与展望

12.1 研究结论

大运河作为我国人民创造的伟大历史工程，数千年的发展史承载了中华民族丰富的历史文化，是弘扬中华民族传统文化的有效载体。上篇主要从景观基因理论视角开展对大运河传统文化传承发展模式的探究，通过文献资料分析和实地调研等方法，结合景观基因理论的研究成果，对大运河山东段传统城镇主体民居发展传承的根本因子即景观基因进行识别，由点及面地开展运河传统城镇的景观基因研究，并从景观基因层面深入到基于景观基因链理论的传统城镇整体性保护开发模式及应用策略研究。主要研究结论如下：

① 对大运河山东段区域城镇"因运而生、兴衰与共"的历史发展特点进行了梳理和实地调研，选取传统城镇中最具代表性的景观基因点——民居展开基因识别，提取出了宅院和店铺两种主要传统民居类型的具体景观基因，砖木结构为主，有着硬山式屋顶或囤顶屋顶，山墙敛于屋顶之下，多为单层落地式屋脸，善用隔扇门窗和过梁门窗洞，平面布局符合北方传统四合样式，以植物花鸟和飞禽异兽为主的雕刻纹样显示出局部装饰精巧细致、古朴典雅的特点，建筑取材丰富，木、砖、石协调搭配使用，总体呈现出明显的地域特色和运河城镇商贸繁荣的历史风貌。大运河山东段传统民居在南北文化交融的影响下，富有兼容并蓄的时代特征，形成了独特的历史文化基因，运河文化特色显著，民居单体景观基因的研究也为景观基因理论在大运河传统城镇聚落研究的可行性提供了论证。

② 基于对大运河传统城镇民居单体基因的研究，探讨个体基因胞的多样性与传统城镇基因链和基因形之间的形态关系，并以图示的表达方式展示，形成了大运河山东段传统城镇景观基因"胞—链—形"的研究体系，明确了大运河城镇街道基因链沿大运河形态自由发展、城镇基因形态受大运河影响布局的特点，揭示了城镇景观基因单体与城镇整体形态之间"由

胞成链、由链成形"的大运河城镇三级发展模式的层次结构关系，将复杂的空间结构简化分解，有助于快速厘清传统城镇内在发展逻辑和丰富的文化景观，为城镇科学的保护开发提供了基础支撑。

③ 对大运河山东段传统城镇从单体基因研究延展深入至城镇形态研究的过程印证了景观基因理论在运河文化传承中的优势作用，为挖掘传统聚落历史文化信息提供了科学范式，景观基因链理论介入运河传统城镇的保护开发完成了从基因提取到实现科学应用的过程。通过设计实践论证了景观基因链理论和大运河线性发展模式具有高匹配度。以临清中洲为例，对其蕴含历史文化信息的基因元和点精准识别，构建"漕运交通"和"商贾市井"两条凸显运河文化的基因廊道，从理论的实践应用出发，提出规划策略，围绕景观基因廊道进行设计实践，提出了传统聚落保护应注重历史和现实融合、整体和局部共进、功能和产业联动、政府和公众配合，为历史文化城镇赋予新的时代内涵，为其保护开发提供新的理论视角和实践路径。

下篇将景观地理学的理论引入到大运河文化遗产研究中，通过不同时空尺度上的纵横向对比研究，打破以往遗产研究中的静态思维，为解决遗产发展中的人地关系矛盾提供时间、空间、格局以及过程等多维的研究框架，并进一步提出其可持续发展的创新驱动策略，进而推动山东新旧动能转化，提升文化国际竞争力，为弘扬我国优秀传统文化，实现中华民族文化复兴提供重要的理论依据和参考。在全面梳理大运河山东段（即京杭大运河聊城段、梁济运河段、南四湖区段）遗产廊道的建筑文化遗产的基础上，结合文献资料的整理和检索，全方位构建大运河山东段建筑文化遗产的时空动态格局，研究其形成与发展的主导因素和变化趋势。主要结论有：

① 从建成时间上分布看，年代越久远，所遗存的建筑文化遗产越少，大运河发展越繁荣的时期，所遗存的建筑文化遗产越多。从各建筑类型的时间维度分布来看，宗教建筑遗存的主导影响因素是社会思想和宗教传播，即政治和文化因素，其分布状态取决于该宗教在运河流域兴起、传播和繁

荣的历史、统治者对各种宗教的政策以及民众对宗教的接受程度；钞关的出现和湮没与税收制度的兴起和废弃直接相关，即制度因素发挥了决定性作用；不同时期商业会馆建筑的分布，则取决于运河沿线商业活动的繁荣与没落等经济因素。

② 大运河山东段建筑文化遗产的景观空间格局则主要取决于区域与运河之间的地理关系、各地区的文物保护意识和政策等因素。其中，宗教建筑、会馆遗存、钞关建筑、军事建筑等建筑类别上遗存的分布，取决于与运河之间的地理关系以及由此产生的功能区划。不同建成时期建筑的空间格局则取决于该区段的通航历史以及文物保护方面的意识和政策等，即主要影响因素为历史因素和政策因素。

③ 从保障、创新和驱动三个方面提出了大运河山东段建筑遗产保护与更新的主要策略。保障机制上，要加强政策引导，完善相关法律法规；提高社会全民参与意识；加强科学研究，强化学术引领，设置历史文化红线，严格控制景观风貌；基于全域视角对大运河进行价值判断，制定并实施跨行政界线的全流域整体发展策略。创新机制上，根据建筑文化遗产的属性和现状特征，分别采取建立历史文化街区、复原古城、建设遗址公园等途径；驱动机制上，强调树立文化自信、发展文化创意产业和构建基于国家形象塑造的文化遗产的数字化保护与互联网传播平台等。

12.2 研究展望

本书对景观基因在大运河山东段传统城镇中的理论及应用研究还不甚全面，有以下不足之处：第一，景观基因理论还处于不断发展完善的阶段，景观基因的提取和识别方式还有拓展空间，对于大运河传统城镇景观基因的研究还需结合理论发展不断完善，寻找最适合大运河文化的提取识别方式。第二，大运河传统文化具有南北交融的地域性特点，内涵丰富、意义深远，本书对大运河传统城镇文化基因的挖掘还需要对大运河文化进行更

12 研究结论与展望

169

深入全面的分析，以期对该类型聚落景观建立更全面的认识。第三，大运河传统城镇景观基因在历史发展中丢失严重，现有遗存数量相对不足，部分景观基因难以考证，实践考察还需扩大力度。第四，景观基因链理论在大运河传统城镇保护开发研究还处于理论阶段，缺乏充分的实践论证，有待日后不断完善。

为此，在建筑文化遗产具体策略的实施过程中，区域差异化发展和文化多元化也使得该项工作面临着较大的挑战性，存在着诸多不确定性因素，尤其是充分挖掘大运河文化遗产对区域文化产业发展的创新驱动机制方面，还需要借助于有效的量化工具和动态模拟模型。因此，基于方法论体系和研究范式对实践环节的探索将是未来大运河文化遗产保护与可持续发展研究的重点。

附录1 大运河山东段建筑文化遗产名录

河段	县市	建筑文化遗产	关系	朝代	保护现状	保护等级	建筑类型
聊城段	临清市	临清清真北寺	历史相关	明	原物保存良好	国家级文物保护单位	伊斯兰教建筑
		临清清真东寺	历史相关	明	原物保存较好	国家级文物保护单位	伊斯兰教建筑
		临清大宁寺	历史相关	宋	原物保存较好	省级文物保护单位	佛教建筑
		临清钞关	功能相关	明	原物保存较好	国家级文物保护单位	钞关建筑
		鳌头矶	历史相关	明	原物保存良好	国家级文物保护单位	道教建筑
		临清歇马亭古岱庙	空间相关	明	原物保存较好	非文物保护单位	道教建筑
		临清魏湾钞关	功能相关	明	原物不存，遗址可考	非文物保护单位	钞关建筑
	东昌府区	山陕会馆	历史相关	清	原物保存良好	国家级文物保护单位	会馆建筑
		光岳楼	历史相关	明	原物保存良好	国家级文物保护单位	军用建筑
		聊城铁塔	历史相关	南宋或金	原物保存较好	省级文物保护单位	佛教建筑
		小礼拜寺（聊城清真东寺）	历史相关	明	原物保存较好	市县级文物保护单位	伊斯兰教建筑
		基督教堂	空间相关	清	原物保存较好	市县级文物保护单位	基督教建筑
		海源阁	历史相关	清	完全重建	省级文物保护单位	藏书建筑
	阳谷县	七级镇古街	历史相关	清	原物保存较好	市县级文物保护单位	民居商业建筑
		海会寺	历史相关	清	原物保存较好	市县级文物保护单位	佛教建筑
		张秋清真东寺	历史相关	明	原物保存较好	非文物保护单位	伊斯兰教建筑
		张秋清真南寺	历史相关	清	完全重建	市县级文物保护单位	伊斯兰教建筑
		陈家老宅	历史相关	清	原物保存较好	市县级文物保护单位	民居商业建筑
		张秋山陕会馆	历史相关	清	原物保存较好	非文物保护单位	会馆建筑

河段	县市	建筑文化遗产	关系	朝代	保护现状	保护等级	建筑类型
梁济运河段	汶上县	南旺分水龙王庙	历史相关	明	原物破坏严重	省级文物保护单位	道教建筑
	任城区	东大寺	历史相关	明	原物保存良好	国家级文物保护单位	伊斯兰教建筑
		太白楼	空间相关	明	原物保存较好	省级文物保护单位	民居商业建筑
		黄家街教堂	空间相关	民国	原物保存较好	市级文物保护单位	基督教建筑
		吕家宅院	空间相关	清	原物保存较好	市级文物保护单位	民居商业建筑
		浣笔泉	空间相关	明	原物保存较好	市级文物保护单位	纪念性建筑
		潘家大楼	空间相关	民国	原物保存较好	市级文物保护单位	民居商业建筑
		慈孝兼完坊	空间相关	清	原物保存较好	国家级文物保护单位	纪念性建筑
		智照禅师塔	空间相关	金	原物保存较好	市级文物保护单位	佛教建筑
		礼拜堂教士楼	空间相关	民国	原物保存较好	省级文物保护单位	基督教建筑
		铁塔	空间相关	北宋	原物保存良好	非文物保护单位	佛教建筑
		声远楼	空间相关	北宋	原物保存良好	非文物保护单位	佛教建筑
		僧王四合院	空间相关	清	原物保存较好	非文物保护单位	儒教建筑
南四湖区段	微山县	南阳清真寺	历史相关	明	原物破坏严重	非文物保护单位	伊斯兰教建筑
		东西古街	历史相关	明	原物保存较好	非文物保护单位	民居商业建筑
		新河神庙	历史相关	明	原物不存，遗址可考	非文物保护单位	道教建筑
		吕公堂春秋阁	空间相关	明	原物破坏严重	非文物保护单位	道教建筑
		仲子庙	空间相关	唐	原物保存较好	省级文物保护单位	儒教建筑
		伏羲庙	空间相关	金	原物保存较好	省级文物保护单位	道教建筑

河段	县市	建筑文化遗产	关系	朝代	保护现状	保护等级	建筑类型
南四湖区段	枣庄市台儿庄区	台儿庄清真古寺	历史相关	明清	原物保存较好	省级文物保护单位	伊斯兰教建筑
		台儿庄清真南寺	历史相关	明	完全重建	非文物保护单位	伊斯兰教建筑
		太和号及旁边商号	历史相关	明清	完全重建	非文物保护单位	民居商业建筑
		山西会馆	历史相关	清	原物保存较好	非文物保护单位	会馆建筑

附录 2 大运河山东段建筑文化遗产现状图片

附图 2-1 临清清真北寺（姜姗 摄）

附图 2-2 临清大宁寺（姜姗 摄）

附图 2-3 临清钞关（姜姗 摄）

附图 2-4　临清清真东寺（姜姗 摄）　　附图 2-5　鳌头矶（姜姗 摄）

附图 2-6　临清歇马亭古岱庙（姜姗 摄）

附图 2-7　聊城市东昌府区山陕会馆（姜姗 摄）

附图 2-8　聊城市东昌府区光岳楼（姜姗 摄）

附图 2-10　小礼拜寺（聊城清真东寺）（姜姗 摄）

附图 2-9　聊城铁塔（姜姗 摄）

附图 2-11　聊城市东昌府区基督教堂（姜姗 摄）

附图 2-12　聊城市东昌府区海源阁（姜姗 摄）

附图 2-13　阳谷县七级镇古街（姜姗 摄）

附图 2-14　阳谷县海会寺（姜姗 摄）

附图 2-15　阳谷县海会寺（姜姗 摄）

附图 2-16　阳谷县张秋清真南寺（姜姗 摄）

附图 2-17　阳谷县张秋清真东寺（姜姗 摄）

附图 2-18　阳谷县陈家老宅（姜姗 摄）

附图 2-19　阳谷县张秋山陕会馆（姜姗 摄）

附图 2-20 济宁礼拜堂教士楼（姜姗 摄）

附图 2-21　济宁东大寺（姜姗 摄）

附图 2-22　济宁太白楼（姜姗 摄）

附图 2-23　济宁黄家街教堂（姜姗 摄）　　附图 2-24　济宁潘家大楼（姜姗 摄）

附图 2-25　济宁慈孝兼完坊（姜姗 摄）　　附图 2-26　济宁吕家宅院（姜姗 摄）

附图 2-27　济宁浣笔泉（姜姗 摄）

附图 2-28　济宁智照禅师塔（姜姗 摄）

附图 2-29
济宁铁塔（姜姗 摄）

附图 2-30
济宁声远楼（姜姗 摄）

附图 2-31
济宁僧王四合院（姜姗 摄）

附图 2-32
台儿庄清真古寺（姜姗 摄）

附图 2-33
台儿庄山西会馆（姜姗 摄）

参考文献

[1] Brooke Thurau,Erin Seekamp,Andrew D Carver,et al.Should Cruise Ports Market Ecotourism? A Comparative Analysis of Passenger Spending Expectations within the Panama Canal Watershed[J]. International Journal of Tourism Research, 2015,17（1）:45-53.

[2] Daniel J. Stynes,Ya-Yen Sun.Economic Impacts of National Heritage Area Visitor Spending; Summary Results from Seven National Heritage Area Visitor Surveys[J].Economic Impacts of Heritage Areas,2004,16（2）:4-31.

[3] Gizem Kahraman, Robert Carter. Adaptation of heritage architecture in Al Asmakh, Doha: insights into an urban environment of the Gulf[J]. Post-Medieval Archaeology,2019,53（1）:38-65.

[4] Michael Barke, Judith Parks. An inevitable transition: the erosion of traditional vernacular building forms in the Alpujarras, southern Spain[J].Journal of Cultural Geography,2016,33（2）:133-160.

[5] Michael P. Conzen,Brian M. Wulfestieg. Metropolitan Chicago's Regional Cultural Park: Assessing the Development of the Illinois & Michigan Canal National Heritage Corridor[J]. Journal of Geography,2001,100（3）:111-117.

[6] Naoki Mukoda. Street Furniture[M]. Tokyo, Japan: Bijutsu Shuppansha, 1990: 137-139.

[7] Neslihan Dalk I, Adnan Nabiko lu. Documentation and analysis of structural elements of traditional houses for conservation of cultural heritage in Siverek（anl urfa,Turkey）[J].Frontiers of Architectural Research,2020,9（2）:386-402.

[8] Susan L.Slocum,James M.Clifton.Understanding Community Capacity Through Canal Heritage Development:Sink or Swim[J].International Journal of Tourism Policy,2012,4（4）:356-374.

[9] Yahya Qtaishat,Stephen Emmitt,Kemi Adeyeye. Exploring the socio - cultural sustainability of old and new housing: Two cases from Jordan[J]. Sustainable Cities and Society,2020,61:1-16.

[10] 毕明岩 . 乡村文化基因传承路径研究——以江南地区村庄为例 [D]. 苏州科技大学 ,2011.

[11] 蔡勇 . 济宁运河文化的形成及特点 [J]. 济宁师专学报 ,1995（4）:82-85.

[12] 曹帅强 , 邓运员 . 基于景观基因图谱的古城镇"画卷式"旅游规划模式——以靖港古镇为例 [J]. 热带地理 . 2018,38（01）.

[13] 曹帅强,贺建丹,邓运员.基于GIS的非物质文化遗产景观基因识别与表达——以湖南省为例[J].云南地理环境研究.2016,28（04）:8-14+2.

[14] 曹伟,姚杰.古孟城驿——明京杭大运河河畔的聚落建筑[J].中外建筑,2014(04):10-17.

[15] 常以彬.聊城地区传统民居建筑空间活力再生设计研究——以中洲运河"冀家大院"再生设计为例[D].山东建筑大学,2020.

[16] 陈桥驿.南北大运河——兼论运河文化的研究和保护[J].杭州师范学院学报(社会科学版),2005（03）:1-5.

[17] 陈怡.京杭大运河突出普遍价值的认知与保护[M].电子工业出版社,2014.

[18] 高建军.运河民俗的文化蕴义及其对当代的影响[J].济宁师专学报,2001（02）:7-12.

[19] 葛剑雄.大运河历史与大运河文化带建设刍议[J].江苏社会科学,2018（2）:126-129.

[20] 郭文娟.京杭大运河济宁段文化遗产构成和保护研究[D].山东大学,2014.

[21] 郝晨竹.阳城古城历史街区保护与活态化规划研究[D].西安理工大学,2018.

[22] 胡最,刘沛林,邓运员,郑文武,邱海洪.汝城非物质文化遗产的景观基因识别——以香火龙为例[J].人文地理,2015（1）:64-69.

[23] 胡最,刘沛林,邓运员,郑文武.传统聚落景观基因的识别与提取方法研究[J].地理科学,2015（12）:1518-1524.

[24] 胡最,刘沛林,申秀英,邓运员,李伯华.传统聚落景观基因信息单元表达机制[J].地理与地理信息科学.2010,26（06）:96-101.

[25] 胡最,刘沛林.中国传统聚落景观基因组图谱特征[J].地理学报,2015（10）:1592-1605.

[26] 胡最,郑文武,刘沛林,刘晓燕.湖南省传统聚落景观基因组图谱的空间形态与结构特征[J].地理学报,2018,73（02）:317-332.

[27] 霍艳虹,曹磊,杨冬冬.京杭大运河"文化基因"的提取与传承路径理论探析[J].建筑与文化,2017（2）:59-62.

[28] 霍艳虹.基于"文化基因"视角的京杭大运河水文化遗产保护研究[D].天津大学,2017.

[29] 霍雨佳.遗产廊道视角下京杭大运河天津段旅游发展研究[D].燕山大学,2013.

[30] 蒋奕.京杭大运河物质文化遗产保护规划研究[D].苏州科技学院,2010.

[31] 康敬亭.京杭大运河（无锡城区段）文化遗产构成与价值研究[D].山东大学,2014.

[32] 李勃.乡土建筑遗产保护传承研究[D].西北大学,2018.

[33] 李芳元.《金瓶梅》与运河文化[J].枣庄师范专科学校学报,2002（03）:10-13.

[34] 李光旭.明确运河文化影响下的临清街巷空间探析与保护研究[D].杭州师范大学,2019.

[35] 李建华.京杭大运河无锡段历史文化价值研究与保护发展规划思考[J].江苏城市规划，2008（09）:14-16+21.

[36] 李伟，俞孔坚，李迪华.遗产廊道与大运河整体保护的理论框架[J].城市问题，2004（01）:28-31+54.

[37] 李正文.运河文化影响下的聊城山陕会馆建筑装饰艺术研究[D].东北林业大学，2016.

[38] 刘沛林.古村落文化景观的基因表达与景观识别[J].衡阳师范学院学报（社会科学），2003（4）:1-8.

[39] 刘沛林，刘春腊，邓运员，申秀英.我国古城镇景观基因"胞—链—形"的图示表达与区域差异研究[J].人文地理,2011（1）:94-99.

[40] 刘沛林，刘春腊，李伯华，邓运员，申秀英，胡最.中国少数民族传统聚落景观特征及其基因分析[J].地理科学.2010（6）:810-817.

[41] 刘沛林."景观信息链"理论及其在文化旅游地规划中的运用[J].经济地理.2008,28（06）:1035-1039.

[42] 刘沛林.中国传统聚落景观基因图谱的构建与应用研究[D].北京大学,2011.

[43] 刘庆余."申遗"背景下的京杭大运河遗产保护与利用[J].北京社会科学,2012（05）:8-13.

[44] 刘婉婷.鲁西南地区传统建筑营造技艺研究[D].山东建筑大学,2020.

[45] 刘杨，卫美华，李冲，唐丹.大运河治理与文化传承之杭州方略[J].环境保护，2011（15）:61-62.

[46] 柳雯.中国文庙文化遗产价值及利用研究[D].山东大学,2008.

[47] 毛峰.京杭大运河历史与复兴[M].电子工业出版社，2014（10）.

[48] 牛会聪.多元文化生态廊道影响下京杭大运河天津段聚落形态研究[D].天津大学,2012.

[49] 牛会聪.多元文化生态廊道影响下京杭大运河天津段聚落形态研究[D].天津大学,2011.

[50] 庞艳，姚子刚.湖中运河古镇，梦里水乡天堂：山东微山湖南阳古镇的前世今生[J].人类居住,2018（02）:38-41.

[51] 裴沛然.基于文化基因的重庆古镇保护规划策略研究[D].重庆大学,2018.

[52] 祁嘉华，靳颖超，张宏臣.传统村落中景观基因的价值与保护[J].中国名城,2020（1）:59-65.

[53] 祁剑青，刘沛林，邓运员，郑文武.基于景观基因视角的陕南传统民居对自然地理环境的适应性[J].经济地理，2017，37（03）:201-209.

[54] 祁睿.基于功能分区的杜陵考古遗址公园规划设计研究[D].西安建筑科技大学,2018.

[55] 阮仪三，王建波.京杭大运河的申遗现状、价值和保护[J].中国名城,2009（9）:8-15.

[56] 山东省文物考古研究所，中国文化遗产研究院.汶上南旺[M].文物出版社，2011（01）.

[57] 申秀英,刘沛林,邓运员.景观"基因图谱"视角的聚落文化景观区系研究[J].人文地理,2006（4）:109-112.

[58] 石坚韧，柳骅．浙江省水域城镇文化遗产保护与传承——京杭大运河杭州段两个历史街区比较研究 [J].浙江工商大学学报,2009（5）:58-62.

[59] 孙悦．考古遗址公园对公众考古的发展——以日本飞鸟、英国弗拉格和我国大明宫遗址公园为例 [J].管子学刊,2018（03）:112-119.

[60] 田晨曦．基于景观基因图谱的古村落风貌修复与活化利用研究——以建德市李村村为例 [D].浙江农林大学,2019.

[61] 王锋．清代山东东西部接受基督教之差异研究 [D].山东师范大学,2009.

[62] 王明月．历史建筑文化遗产保护政策研究 [D].东北财经大学，2016.

[63] 王谦．鲁南近代天主教堂建筑研究 [D].北京建筑大学,2016.

[64] 王树理．大运河与我国回族散杂居格局的形成 [J].回族研究，2001（04）:102-104.

[65] 王玉芬，王德椿．京杭运河·齐鲁风情（聊城卷）[M].山东：山东人民出版社,2013:277.

[66] 王云．明清山东运河区域社会变迁 [M].北京：人民出版社,2006:79-105,330-348.

[67] 王志华．曹州牡丹文化特点与运河文化 [J].菏泽师专学报，1998（03）:30-32.

[68] 魏方．基于空间整合的运河古镇改造模式研究——以山东微山为例 [D].清华大学,2010.

[69] 吴明霞，齐童，刘传安，马骁．景观地理学的演变及其学科发展 [J].首都师范大学学报（自然科学版），2016，37（04）:85-90.

[70] 向福贞．明清时期临清钞关的作用及影响 [J].聊城大学学报（社会科学版）,2009（04）:57-59.

[71] 谢杰兰．关中传统村落景观基因的保护与传承研究 [D].长安大学,2019.

[72] 玄胜旭．中国佛教寺院钟鼓楼的形成背景与建筑形制及布局研究 [D].清华大学,2013.

[73] 杨冬冬．京杭大运河廊道景观遗产的考证和研究 [D].天津大学，2009.

[74] 杨倩．台儿庄区全域旅游开发研究 [D].哈尔滨商业大学,2018.

[75] 于洋．地域文化在运河景观设计中的应用 [D].中国林业科学研究院，2013.

[76] 俞孔坚，李迪华，李伟．京杭大运河的完全价值观 [J].地理科学进展,2008（2）:1-9.

[77] 俞孔坚．京杭大运河国家遗产与生态廊道 [M].北京大学出版社，2012（03）:1-893.

[78] 张兵圆．遗产、价值与实践：韩城古城文化价值探讨 [D].西北大学,2018.

[79] 张从军．山东运河 [M].山东：山东美术出版社,2013:1-11.

[80] 张恒，李永乐．共生理论视角下京杭大运河聚落遗产一体化保护研究——以清名桥历史文化街区为例 [J].洛阳理工学院学报（社会科学版）,2016（5）:51-55.

[81] 张金池，毛峰，林杰．京杭大运沿线生态环境变迁 [M].科学出版社，2012（03）.

[82] 张琳．传统文脉在台儿庄古城景观设计中的再现 [D].曲阜师范大学,2015.

[83] 张萍．满族乡村聚落景观基因游客认知研究——以新宾满族自治县为例 [D].沈阳师范大学，2018.

[84] 张茜．南水北调工程影响下京杭大运河文化景观遗产保护策略研究 [D].天津大学,2014.

参考文献

[85] 张芮 . 景观基因视角下的延边地区朝鲜族传统村落文化景观研究 [D]. 延边大学 ,2019.

[86] 张书淼，徐雷 . 山东运河传统民居形式及其传承初探——以济宁为例 [J]. 美术教育研究 ,2019（11）:84-85,95.

[87] 章立，章海君 . 江南古运河建筑文化风貌的演变 [J]. 南方建筑，2001（03）:47-53.

[88] 赵建永 . 探寻中国道教发展历史 评《早期道教史》[J]. 中国宗教 ,2017（11）:61.

[89] 赵琳，王辉 . 明清山东运河民居建筑研究 [A]. 中国建筑学会建筑史学分会、同济大学（Tongji University）. 全球视野下的中国建筑遗产——第四届中国建筑史学国际研讨会论文集（《营造》第四辑）[C]. 中国建筑学会建筑史学分会、同济大学（Tongji University）: 中国建筑学会建筑史学分会 ,2007:5.

[90] 赵鹏飞，张向波 . 山东运河传统建筑研究——以寺庙建筑为例 [J]. 华中建筑 ,2013,31（09）:161-165.

[91] 赵鹏飞，赵静好 . 大运河在传统建筑文化传播与交流中的作用 [J]. 青年记者 ,2018（20）:124-125.

[92] 赵鹏飞 . 山东运河传统建筑综合研究 [D]. 天津大学，2013.

[93] 赵一诺 . 文化线路视角下京杭运河沿岸古镇保护发展探究——以山东段微山湖区域南阳古镇为例 [D]. 中央美术学院 ,2017.

[94] 郑文武，刘沛林，周伊萌，何清华，韩青，舒慧勤 . 南方稻作梯田区居民点空间格局及影响因素分析——以湖南省新化县水车镇为例[J].经济地理,2016,36(10):153-158+200.

[95] 周威 . 中国运河遗产廊道的开发与保护 [D]. 四川师范大学，2008.

[96] 朱隽，钱川 . 试论大运河的保护原则和措施 [J]. 东莞理工学院学报，2007（06）:77-81.

[97] 朱年志 . 明清山东运河小城镇的历史考察——以七级镇为中心 [J]. 华北水利水电大学学报（社会科学版）,2017,33（06）:17-21.

[98] 朱强 . 京杭大运河江南段工业遗产廊道构建 [D]. 北京大学 ,2007.

[99] 朱晓明，阮仪三 . 长江以北"京杭大运河"古镇调查研究 [J]. 城市与区域规划研究 .2008,1（3）:73-86.